산티아고 순례길
완벽 가이드

산티아고 순례길 완벽 가이드

지은이 전재욱
초판 발행일 2025년 3월 10일

기획 및 발행 유명종
편집 이지혜
디자인 이다혜, 이민
조판 신우인쇄
용지 에스에이치페이퍼
인쇄 신우인쇄

발행처 디스커버리미디어
출판등록 제 2021-000025(2004. 02. 11)
주소 서울시 마포구 연남로5길 32, 202호
전화 02-587-5558

산티아고 순례길
완벽 가이드

프랑스 길 800km,
준비부터 완주까지 실전 길잡이

전재욱 지음

디스커버리미디어

산티아고 순례길
안내 지도

트리아카스텔라
Triacastela

오세브레이로
O Cebreiro

오 페드로우소
O Pedrouzo

사리아
Sarria

비야프랑카 델 비에르소
Villafranca del Bierzo

산티아고
데 콤포스텔라
Santiago de Compostela

폰페라다
Ponferrada

피스테라
Fisterra

아르수아
Arzúa

포르토마린
Portomarin

레
Le

팔라스 데 레이
Palas de Rei

폰세바돈
Foncebadón

아스토르가
Astorga

산 마르틴 델 카미노
San Martin del Camino

포르투갈
Portugal

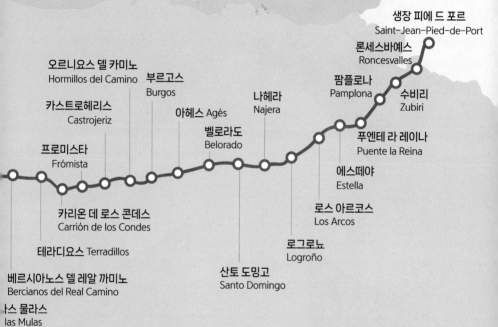

프랑스
France

생장 피에 드 포르
Saint-Jean-Pied-de-Port

론세스바예스
Roncesvalles

오르니요스 델 카미노
Hormillos del Camino

부르고스
Burgos

팜플로나
Pamplona

수비리
Zubiri

카스트로헤리스
Castrojeriz

아헤스 Agés

나헤라
Najera

푸엔테 라 레이나
Puente la Reina

프로미스타
Frómista

벨로라도
Belorado

에스떼야
Estella

카리온 데 로스 콘데스
Carrión de los Condes

로스 아르코스
Los Arcos

테라디요스 Terradillos

산토 도밍고
Santo Domingo

로그로뇨
Logroño

베르시아노스 델 레알 까미노
Bercianos del Real Camino

...나스 물라스
...las Mulas

스페인
Spain

Contents
목차

PART 1　산티아고를 꿈꾸며

PART 2　출발 전에 꼭 해야 할 일들

PART 3 | 알아두면 쓸모 많은 순례 여행 팁

PART 4 | 산티아고 순례길 33코스 안내

PART 5   권말 부록

Let's go Camino,
나의 행복을 찾아서!

왜 많은 사람이 고난의 길인 산티아고 순례길을 버킷 리스트에 올려놓을까? 각자 이유
와 목적이 있겠지만, 궁극적으로 행복을 찾아 떠나는 여정이기 때문이 아닐까 생각한
다. 순례길의 한 성당에서 본 문구가 생각난다.
"행복하라, 순례자여!"

카미노 위에서는 모두가 평등하다. 누구나 오롯이 자신의 힘으로 걸어야 한다. 먹고 자
고 걷는 단순한 생활의 반복이다. 길 위에서 만나는 순례자들과 인생을 배우며 행복의
영감을 얻는다. 산티아고 대성당 앞에 서는 순간 밀려오는 감동과 행복은 그 무엇과도
바꿀 수 없다. 카미노는, 카미노만의 마력을 가지고 있다.
"내가 800km를 걸을 수 있을까?"라는 두려움과 이런저런 사정으로 도전을 망설이는
분이 많다. 블로그나 유튜브 등에서 순례길에 대한 많은 정보를 제공하고 있다. 하지만
막상 떠나려 결심하고 나면, 어떻게 무엇부터 준비해야 할지 막막하다. 그러다 보니,
시간과 노력을 많이 들여야 한다.

프랑스 길, 북쪽의 길, 포르투갈 길……. 산티아고 순례길은 여러 가지다. 이 책에서는
가장 보편적인 프랑스 길을 소개한다. 카미노를 직접 경험하고 체득한 내용을 바탕으
로, 순례 여행을 처음 준비한다는 심정으로 돌아가 하나하나 정리하였다. 처음 산티아
고 순례길을 떠나는 사람이 이 책 한 권이면 충분히 다녀 올 수 있게 구성했다. 출발 전
알베르게 예약과 출발 지점인 생장까지 가는 방법부터 각 코스의 거리, 난이도, 소요
시간, 코스 지도, 고도표, 유의 사항, 숙소와 맛집 등 구간마다 필요한 정보를 빠짐없이
담았다. 여기에 더해 실제 트레킹 과정을 글로 옮겨 놓아 현장감과 실용성을 살렸다.
순례길 용어 설명, 간단한 스페인어와 순례 여행에 필요한 필수 앱, 실전에서 요긴하게

써먹을 수 있는 알쓸 팁도 꼼꼼하게 챙겼다. 책 마지막에 실은 권말 부록도 알차다, 권말 부록은 일종의 '시크릿 시트'이다. 카미노의 구간별 주요 내용과 정보, 알베르게와 맛집 정보를 수록했다. 한국식당과 라면 등 한국 식품을 판매하는 상점을 기록해 두었다. 한국 음식에 대한 그리움을 달랠 수 있을 것이다. 본문에 나오는 정보를 요점만 정리했으므로 이것만 가져가도 든든한 동반자가 될 것이다.

산티아고 순례길은 한 번도 가보지 않은 사람은 있어도 한 번만 가는 사람은 없다고들 한다. 돌아오면 힘들어 다시 가지 않을 것 같지만 한두 달만 지나도 카미노에 대한 그리움이 스멀스멀 올라오는 '카미노 블루'를 경험하게 된다. 어느 날 배낭을 메고 다시 카미노로 떠나는 자신을 보게 될 것이다. 그때는 첫 경험을 바탕으로 자신만의 카미노를 계획하고 준비하여 더욱 행복한 카미노를 만들 수 있게 될 것이다.
카미노는 생물처럼 환경이 변화한다. 수정할 내용이나 다음 순례자에게 도움이 될 내용이 있다면 필자에게 기탄없이 알려주길 바란다. 카미노는 정답이 있는 것이 아니라, 자신이 경험하고 만들어 나가는 고단지만 행복한 여정이다. 이 책이 카미노로 떠나는 분들에게 조그만 등불이 되었기를 간절히 소망한다. 행복을 찾아 떠나는 카미노 여정에 함께 할 수 있도록 많은 도움을 주신 디스커리미디어의 유명종 대표님과 옆에서 항상 응원하고 격려해 준 사랑하는 나의 아내에게 감사의 인사를 전한다.

Let's go Camino, 나의 행복을 찾아서!

2025년 초봄, 전재욱

PART 1

산티아고를
꿈꾸며

01 | 산티아고 순례길이란?

산티아고 순례길은 예수의 제자 야고보의 무덤이 있는 스페인 북서부의 산티아고 데 콤포스텔라 대성당 Cathedral of Santiago de Compostela까지 걷는 길이다. 예루살렘, 바티칸과 더불어 세계 3대 순례지 가운데 하나이다. 여러 산티아고 순례길 중에서 피레네산맥의 생장피에드포르Saint-Jean-Pied-de-Port에서 출발하는 프랑스 길이 가장 유명하다.

산티아고Santiago는 예수의 열두 제자 중 한 명인 야고보의 스페인식 이름이다. 영어로는 세인트 제임스Saint James라고 부른다. 산티아고 대성당은 스페인의 북서부에 있는 도시로 갈리시아 자치 지역의 수도인 산티아고 데 콤포스텔라Santiago de Compostela, 이하 '산티아고'라고 표기에 있다. 산티아고 순례길은 스페인어로 카미노 데 산티아고Camino de Santiago라고 부른다. 영어로는 야고보의 길Jacob's Way이라고 한다.

성 야고보는 예수가 승천한 후 이베리아반도로 선교활동을 갔다가 예루살렘으로 돌아왔으나 유대주의자 헤롯 아그리파 왕에게 처형당했다. 제자들이 그의 유해를 배에 실어 지중해에 띄워 보냈다. 배는 스페인의 북서쪽 끝 갈라시아 지방의 피스테라Fisterra까지 흘러갔다. 갈라시아 사람들이 해변에서 그의 유해를 발견해 땅에 묻었는데 한동안 무덤의 행방이 묘연했다. 한참 시간이 흘렀다. 9세기경 밝은 별빛이 흐르는 들판에서 사람들이 야고보의 무덤을 발견했다. 이 소식은 스페인 북부 지역을 다스리던 아스투리아스 왕국의 알폰소 2세의 귀에도 들어갔다. 그는 야고보의 무덤을 지키는 성당을 묘지 위에 지으라고 명령했다.

1189년, 교황 알렉산더 3세는 예루살렘, 로마와 함께 산티아고 데 콤포스텔라를 성스러운 도시로 선포했다. 산티아고 데 콤포스텔라는 '별빛 들판의 성 야고보'라는 뜻이다. 교황은 또 산티아고의 축일인 7월 25일이 일요일이 되는 해에 산티아고 데 콤포스텔라에 도착하는 순례자는 그간 지은 죄를 속죄받을 것이라고 선포했다. 야고보의 무덤은 산티아고 대성당 안에 있다. 1075년에 성당을 건축하기 시작하여 1211년에 바로크와 로마네스크 양식으로 완공하였다.

산티아고 순례길은 중세 시대, 정확하게는 11~15세기에 번성했으나 16세기 종교개혁 이후로 쇠퇴했다. 한동안 관심에서 멀어졌던 이 도시는 1982년 교황 요한 바오로 2세가 방문하면서 다시 관심을 받기 시작했다. 역대 교황 중에서 산티아고를 방문한 것은 요한 바오로 2세가 처음이었다. 교황 방문 이후 순례자가 다시 늘어나기 시작했다. 1987년엔 브라질 소설가 파울루 코엘류의 산티아고 순례 경험을 담은 <순례자>가 출간되었다. 1993년엔 산티아고 순례길이 유네스코 세계문화유산으로 인정받게 되자 가톨릭 신자뿐만 아니라 일반 여행자 사이에서도 인기를 끌기 시작했다. 오늘도 많은 순례자가 이 길을 걷고 있다.

산티아고 순례길은 경로가 다양하다. 그중에서 프랑스 길이 가장 널리 알려져 있다. 포르투갈 길, 북쪽의 길, 세비야에서 시작하여 북쪽으로 종단하는 은의 길도 많이 알려져 있다.

프랑스 길 Camino Francés 스페인과 국경을 마주한 프랑스 남부의 작은 마을 생장에서 시작하여 피레네산맥을 넘은 다음, 스페인을 동쪽에서 서쪽으로 횡단하여 산티아고 대성당까지 약 800km를 걷는 길이다. 사람들이 가장 많이 걷는다. 평지가 많아 비교적 걷기 쉽다. 노란 화살표와 카미노 비석 등 길을 안내하는 표시가 잘되어 있다. 마을마다 순례자를 위한 숙소 등 시설들이 잘 갖추어져 있다. 걷는 데 30~35일 정도 소요된다.

북쪽 길 Camino del North 스페인 북동쪽 끝, 프랑스와 얼굴을 맞댄 국경 도시인 이룬Irún에서 출발한다. 북쪽 대서양 해안가를 따라 걷다 내륙으로 들어와 걷는다. 바다 풍경이 매우 아름답다. 산악지대가 많고 고저 차가 커서 순례길 중 힘든 코스에 속한다. 약 830km를 35~40일 정도 걷는다.

포르투갈 길 Camino Portuguese 포르투갈 리스본에서 출발하는 카미노로, 북쪽으로 약 630km를 걷는다. 두 번째로 많이 걷는 길이다. 요즘 들어 순례자의 수가 더 많이 늘어나고 있다. 25일~30일 정도 걸으면 산티아고에 닿는다.

은의 길 Via de la Plata 스페인 남부의 세비야에서 출발하여 남에서 북으로 종단하는 순례길이다. 길이는 약 1,000km로, 대중적으로 많이 알려진 카미노 중에서 가장 길다. 원래 로마인들이 광물을 주로 나르는 길로 사용해서 이런 이름을 얻었다. 걷는 데 40~45일 정도 걸린다.

산티아고로 가는 대표적인 루트를 소개하고, 거리와 소요 일도 안내했지만, 사실 카미노는 정해진 방식이나 구간이 따로 있는 것은 아니다. 자신이 출발하는 곳에서 산티아고까지 시간과 체력에 맞게 계획을 세워 걸으면 된다. 카미노는 누군가가 대신해 줄 수 없다. 오롯이 자신만이 해낼 수 있다. 욕심내거나 무리하지 말고 자신의 체력에 맞게 걷는 게 중요하다.

일반으로 하루에 20~25km를 걷는다. 걷는 중간중간 마을을 만난다. 마을의 바, 음식점에서 휴식을 취할 수 있다. 산티아고 순례길은 중세부터 걸었던 길이라 일정한 구간마다 순례자를 위한 시설과 마을이 자연적으로 생겨났다. 마을엔 상점과 '알베르게'라고 부르는 순례자들을 위한 다인실 숙소가 있다.

Gijón

Santander

Bilbao

San
Sebastian

Saint-Jean-
Pied-de-Port

북쪽 길
Camino del North

Santiago
de Compostela

Roncesvalles

Pamplona

Sarria

León

Pontevedra
Redondela

Ourense

Logroño

프랑스 길
Camino Francés

Burgos

Zamora

Porto

Salamanca

포르투갈 길
Camino Portuguese

은의 길
Via de la Plata

Coimbra

Tomar

Cáceres

Santarem

Mérida

Lisbon

Zafra

Seville

02 | 산티아고, 누가 왜 걸을까?

2023년 기준으로 약 44만 명이 산티아고 순례길을 걸었다. 스페인이 약 20만 명으로 가장 가장 많이 걸었다. 스페인 다음으로 미국인, 이탈리아인이 많이 걸었다. 한국은 아홉 번째에 이름을 올렸다. 약 7,563명으로 동양인 중에서는 첫 번째였다. 심지어 동양인의 절반이 한국 사람이었다. 사람들은 왜 산티아고를 걷는 것일까?

산티아고는 세계에서 손꼽히는 순례길이다. 하지만 모든 사람이 종교 목적으로 걷는 것은 아니다. 천주교 또는 개신교가 아닌 다른 종교를 가진 사람도 걷는다. 종교가 아예 없는 사람도 있다. 치유와 재충전, 건강, 순례, 새로운 경험……. 수많은 사람이 각자 다양한 이유와 목적을 가슴에 품고 길 위에 선다.

도전 또는 새로운 인생 설계를 위해서
아마도 가장 많은 사람이 새로운 도전을 위해, 또는 인생 재충전을 위해서 카미노를 걷는 게 아닐까 싶다. 특히 한국인 중에서 이런 사람이 많다. 퇴사 후 재충전하기 위해 걷는 젊은이도 많고, 은퇴 후 새로운 인생을 설계하기 위해 길 위에 선 사람도 제법 많다. 이런 사람들은 지금까지 살아온 삶을 돌아보는 일에 더 집중한다. 무게 10kg 안팎이나 되는 배낭을 메고 800km를 한 달 넘게 걷는다는 것은 결코 쉬운 일이 아니다. 사람들은 순례를 성공적으로 마쳤을 때 느끼는 뿌듯함과 성취감을 잊지 못한다. 이 경험은 삶의 깊은 의미를 되새기게 해준다. 더불어 새로운 인생을 살아갈 자양분과 자신감을 얻게 해준다.

치유를 위해서
제법 많은 사람이 결핍 또는 마음의 상처를 치유하기 위해서 산티아고를 걷는다. 상처의 원인은 아주 다양하다. 사랑을 잃고 마음을 다스리기 위해 걷는 사람이 있는가 하면, 유년기 또는 청소년기에 부모에게서 받은 상처와 애정결핍을 치유하고 뒤늦게 부모와 화해를 시도하려는 이도 제법 많다. 아내 또는 남편을 먼저 보내고 상실감을 극복하려고 걷는 사람도 있다. 마음에 상처를 입은 사람들은 길을 걸으며 치유를 받기도 하지만, 비슷한 사람들을 만나고 서로 아픔을 공유하면서 더 큰 위로를 받기도 한다.

믿음, 종교, 성지순례
산티아고 순례길은 성 야고보의 성지인 산티아고 데 콤포스텔라 대성당으로 향하는 긴 여정이다. 예루살렘과 로마에 버금가는 성지이므로, 대부분 성지순례를 이유로 산티아고를 걸을 것으로 생각하지만, 순전히 종교적인 이유로 카미노를 걷는 사람은 우리의 예상보다는 적은 편이다. 산티아고 순례길엔 마을마다 성당이 자리를 잡고 있다. 천주교 신자들은 이곳에 들러 미사에 참여한다. 미사가 없더라도 성당에서 기도하며 종교적 의미를 되새길 수 있다. 종교 기관이나 단체에서 운영하는 알베르게도 있다. 신자들은 이곳에서도 신심을 깊게 할 수 있다.

건강과 고행을 통한 자기 극복
산티아고 순례길은 하루 20~30km를 약 30일 동안 걷는 아주 긴 여정이다. 해가 뜬 시간 대부분을 걸으며

보내야 한다. 발에 물집이 생기고, 몸은 천근만근이다. 포기하고 싶은 마음이 하루에도 몇 번씩 든다. 사실 800km를 걷는 것 자체가 큰 고행이다. 조금 심하게 말하면 자기 학대이다. 고행은 아주 오래된 일종의 수련법이다. 금식과 오체투지가 좋은 예이다. 산티아고 순례길은 정도의 차이는 있지만 오체투지와 비슷하다고 볼 수 있다. 카미노는 그러므로, 몸을 극한까지 몰고 가 자기 한계를 극복하려는 움직임이다. 처음부터 고행을 목적으로 오는 사람은 많지 않지만, 대부분 계속 걷다 보면 몸은 힘든데 정신이 맑아지는 경험, 생각이 정리되고 마음도 편안해지는 특별한 경험을 하게 된다. 아침 일찍 일어나 걷고 제때 먹고 자기를 반복하면 어느 순간 몸도 건강해지고 있음을 느낀다. 자유로운 정신과 건강한 몸은 카미노가 주는 특별한 선물이다.

새로운 친구를 만나는 즐거움

순례길에선 문화와 언어, 국적과 피부 빛깔이 다른 다양한 사람을 만나게 된다. 순례길은 마치 작은 지구촌 같다. 스페인, 미국, 이탈리아, 독일, 프랑스, 포르투갈, 호주, 한국, 대만, 일본…… 세계 각국에서 온 다양한 사람들을 만나는 일은 인생에서 흔히 할 수 없는 색다른 경험이다. 길에서도 하루에 몇 번은 마주치고, 같은 알베르게에서 숙박할 때도 많다. 언어는 잘 통하지 않아도 함께 먹고 자고 걷는 동안 순례자들은 자연스럽게 친구가 된다. 동병상련! 같은 길을 걷는 것만으로도 서로에게 힘이 된다. 순례길의 가장 큰 즐거움은 사람을 만나는 것이고, 가장 큰 위로는 사람이 주는 따뜻한 응원과 존중이다.

카미노를 걷는 사람의 국적이 다양하듯이 살아온 길이 다채롭고, 연령대의 폭도 무척 넓다. 10대와 20대부터 70대 노인까지 다 만날 수 있다. 친구와 함께 온 젊은이, 혼자 걷는 여성, 딸과 함께 걷는 엄마, 직장에서 막 은퇴한 60대, 70대 노부부 등 다양한 사람이 이 길을 걷는다. 카미노는 직업, 나이, 인종, 성별, 종교, 국적을 따지지 않는다. 산티아고는 누구나 걸을 수 있는 길이다. 카미노는 누구에게나, 늘 열려있다.

03 │ 산티아고 순례길, 언제 가면 좋을까?

순례 여행자가 가장 많을 때는 4월부터 10월까지다. 이 중에서 최적 시기는 4월 말~5월 초, 9월 중순
~10월 초에 출발하는 것이다. 봄에는 아름다운 꽃과 푸른 들판을 볼 수 있고, 가을에는 수확기의 포도밭
과 노랗게 물든 들판을 보면서 걸을 수 있다. 다만, 고산지대가 많아 봄과 가을에도 기온 차가 심한 편이
다. 보온을 위해 경량 패딩을 꼭 준비하자.

봄, 걷기 좋지만 순례자가 많다

최저·최고 기온 7℃~20℃ **추천 시기** 4월 말~5월 초순

봄엔 최저 기온은 7℃ 내외, 최고 기온은 20℃까지 오른다. 날씨가 쾌적하고 강수량이 적당하여 순례자들이 선호하는 시기이다. 아침저녁으로는 조금 쌀쌀할 수 있으나 낮에는 걷기에 딱 좋다. 길가에 핀 예쁜 꽃과 마음을 시원하게 해주는 푸른 밀밭을 감상하며 걸을 수 있다. 체리와 납작복숭아 같은 과일도 맛볼 수 있다.

같은 봄이더라도 3월 말까지는 피레네산맥의 나폴레옹 루트를 통제한다. 눈과 거친 날씨 때문이다. 이때는 대체 코스인 발카르스 구간으로 우회하여야 한다. 날씨에 따라 4월 초까지도 통제될 때가 있다. 따라서 봄에 출발한다면 4월 말부터 5월 초 사이에 시작하길 추천한다. 다만, 순례자가 많으므로, 약간의 불편은 감수해야 한다. 순례길에도 사람이 많지만, 식당과 알베르게도 순례자들로 북적인다. 특히 알베르게에 늦게 도착하면 만실인 경우가 많아 잘못하면 다음 마을까지 더 걸어가야 할 수도 있다. 순례 초기에는 하루 이틀 전에 다음에 머물 알베르게를 예약하고 걷기를 추천한다.

5월이 되면 순례자들 대부분이 아침 7시쯤 출발한다. 이때는 랜턴이 필요하지 않다. 뒤로 갈수록 낮에 더워지기 시작하므로 조금씩 시간을 앞으로 당겨 출발하게 된다.

여름, 덥지만 여전히 순례자가 많다

최저·최고 기온 15℃~30℃

스페인의 여름은 무척 덥다. 이상 기후로 2000년대 들어서는 30℃를 넘기는 날도 있다. 7월보다는 8월이 더 덥다. 다행히 강수량이 적고 습도는 낮은 편이어서 우리나라의 여름보다는 시원하다. 여름은 휴가와 방학이 겹치는 시기라서 봄 못지않게 순례자가 많다. 7월 25일은 성 야고보 축일이다. 이날은 산티아고 데 콤포스텔라에서 성 야고보 축제가 열린다. 여름엔 성 야고보 축제 때 산티아고에 도착하려는 순례자들이 많다. 이들은 대부분 6월 말에 생장을 출발한다. 7월로 넘어가면 날씨는 더 더워진다. 한여름에 7~9시간을 걷는 건 여간 고역이 아니다. 여름엔 많은 사람이 무더위를 피하려고 이른 새벽에 길을 나선다.

가을, 날씨는 좋고 풍경은 아름답다 최저·최고 기온 12℃~22℃ 추천 시기 9월 중순~10월 초

가을은 봄만큼이나 걷기 좋은 계절이다. 스페인 북부의 가을 아침저녁은 제법 쌀쌀하다. 하지만 낮엔 걷기에
좋다. 수확의 계절답게 들녘 풍경이 풍성하다. 들판은 물감을 뿌려놓은 듯 노랗게 물들어
가고, 포도밭은 농부들에게 풍성한 수확을 가져다준다. 순례길에서 배, 밤, 포도, 사
과, 무화과 같은 과일을 맛볼 수 있다. 그뿐이 아니다. 해 뜰 무렵 출발하면 머리
뒤로 떠오르는 장엄한 일출을 감상할 수 있다.

특히, 혼자 걷는다면 해가 뜰 때 길을 나서는 것을 추천한다. 너무 일찍 출발하는
것보다 아침 8시쯤이 적당하다. 해뜨기 전에 출발하면 주변이 어두워서 노란 화
살표가 잘 보이지 않는다. 게다가 초행길에 그 시간엔 순례자들도 많지 않아 종종
길을 잃거나 헤매기도 한다. 가을에 순례 여행을 떠난다면 9월 중순~10월 초에 시
작하는 게 좋다. 하루 이틀 사흘, 카미노를 걷다 보면 이윽고 11월이 다가온다. 이때쯤 되
면 아침 8시는 되어야 랜턴 없이 걸을 수 있다.

겨울, 혼자의 시간을 만끽하기 좋다 최저·최고 기온 6℃~14℃

프랑스 길은 스페인의 북부를 지나지만, 그래도 남부 유럽이라 겨울에도 그다지 춥지는 않다. 우리나라처럼 영
하 10도 안팎으로 떨어지는 강추위는 오지 않는다. 스페인 북부의 겨울철 최저 기온은 6℃, 최고 기온은 14℃
안팎이다. 하지만 그래도 겨울은 겨울이다. 강수량도 많아지기 시작한다. 다른 계절보다 두꺼운 옷을 챙겨야
한다. 배낭의 무게와 부피가 자연스레 커진다. 추위도 단점이지만, 배낭이 무거워지는 것도 단점이다. 겨울철
엔 순례 여행자가 급격히 줄어든다. 문을 열지 않는 식당과 알베르게도 많다. 영업하더라도 혼자 투숙하는 날
도 있다. 겨울이라고 단점만 있는 건 아니다. 순례길은 한적하다. 겨울엔, 조용히 혼자만의 시간을 만끽할 수
있어서 좋다.

04 | 출발지 생장까지 가는 방법

프랑스 길은 피레네산맥 아래의 국경 마을 생장피에드포르에서 시작된다. 스페인과 유럽의 순례자 중에는 생장이 아니라 팜플로나, 부르고스, 레온, 사리아 등 스페인의 중간 마을에서 출발하는 사람도 제법 있지만, 우리나라 사람들은 대부분 생장에서 시작한다. 이 글에서는 프랑스 길 출발지 생장으로 가는 방법을 소개한다.

프랑스 파리로 들어가기

우리나라 순례객은 대부분 파리를 거쳐 생장으로 간다. 파리에서 기차나 버스를 타고 프랑스 남서쪽에 있는 소도시 바욘Bay-onne까지 간 다음, 이곳에서 환승하여 생장Saint-Jean-Pied-de-Port으로 가는 방법이다. 스페인의 마드리드나 바르셀로나를 거쳐 가는 방법도 있다. 하지만 파리는 이들 도시보다 항공편이 많고 다양할 뿐만 아니라, 생장으로 이동하는 교통편도 편리하다. 순례 여행을 생장에서 시작할 계획이라면 파리 IN을 추천한다.

파리에서 생장 가는 방법 세 가지
기차 타고 생장으로

파리에서 생장까지 가는 교통편은 기차, 버스, 비행기가 있다. 이 중에서 많은 사람이 고속열차 테제베(TGV)를 이용한다. 더 정확하게는 파리 샤를 드골 국제공항 → TGV 몽파르나스 역Gare Montparnasse → 바욘TGV로 약 4시간 소요 → 생장기차로 1시간 소요 루트를 이용하는 것이다. 안타깝게도 파리에서 생장까지 직행으로 가는 기차는 없다.

파리에 도착한 첫날은 몽파르나스 역 인근에 숙소를 잡고 하루를 묵는다. 다음날, TGV 몽파르나스 역에서 아침 7시쯤 출발하는 엉데Hendaye, 스페인과 얼굴을 맞대고 있는 프랑스 서남쪽 해안의 국경 도시 행 첫 TGV 기차를 타고 바욘까지 간다. 바욘까지는 약 4시간 정도 걸린다. 바욘에서 일반 기차로 환승하여 생장까지 간다. 생장에서 하루를 묵고, 이튿날 아침 순례 여행을 시작한다.

버스 타고 생장으로

파리에서 버스를 타고 생장까지 갈 수 있다. 생장까지 직접 가는 버스는 없다. 기차와 마찬가지로 파리에서 바욘을 경유하여 생장까지 간다. 파리 샤를 드골 국제공항 → 파리 베르시 센 정류장Bercy Seine → 바욘약 10시간 소요 → 생장약 1시간 소요 루트이다.

파리 도착 첫날은 베르시 센 버스 정류장 근처에서 하루를 묵는다. 베르시 센 정류장은 파리 동남쪽 센강 변의 베르시 공원Parc de Bercy 옆에 있다. 다음 날 아침, 프릭스 버스Flix를 타고 바욘까지 간다. 소요 시간은 10시간 안팎이다. 바욘에서 기차 또는 버스를 타고 생장까지 간다. 기차, 버스 모두 생장까지 약 1시간 정도 걸린다. 샤를 드골 국제공항에 내려 야간 버스를 타고 바욘까지 가는 방법도 있다. 아침에 바욘에 도착하는데, 이 방법은 추천하지 않는다. 처음부터 체력을 소모할 이유가 없다. 이제 곧 한 달 넘게 800km를 걸어야 한다. 지금은 체력을 아끼고 보충하는 게 최선이다.

비행기로 생장까지

파리에서 항공편으로 생장까지 가는 방법도 있다. 직항편이 있는 것은 아니고, 바욘 근처의 비아리츠Biarritz 공항까지 국내선을 이용한 다음, 바욘을 거쳐 생장까지 가는 방법이다. 구체적으로는 파리 샤를 드골 국제공항CDG → 비아리츠 공항1시간 20분 소요 → 바욘버스로 약 40분 소요 → 생장기차 또는 버스 약 1시간 소요 루트를 이용하는 방법이다. 비아리츠공항에서 바욘까지는 공항 앞에서 4번 버스를 타고 간다. 바욘의 생떼스쁘리 다리Saint-Esprit bridge를 건너자마자 알자스 로렌느Alsace Lorraine 정류장에서 내려 바욘 기차역까지 걸어가는 방법이 가장 쉽고 저렴하다. 알자스 로렌느 정류장에서 바욘 기차역까지는 걸어서 3~4분 거리이다. 버스보다 빠른 방법은 10분 정도 소요되는 택시를 이용할 수 있으나 가격이 비싸다. 바욘에서는 생장까지는 기차 또는 버스를 이용한다.

마드리드와 바르셀로나에서 생장 가는 방법

위에서 잠깐 이야기했듯이, 마드리드와 바르셀로나에서 생장까지 가는 방법도 있다. 버스, 기차Renfe, 비행기 중 하나를 선택하여 팜플로나까지 간다. 팜플로나에서 생장까지는 버스나 택시를 이용한다. 다만, 두 도시는 파리보다 우리나라에서 출발하는 항공편이 적다. 특별한 일이 아니라면 파리를 거쳐 생장까지 가길 추천한다.

05 | 순례 기간과 예상 비용은?

순례 여행 일정은 며칠이 적당할까? 결론부터 말하면 정답은 없다. 개인마다 계획이 다르고, 체력도 다른 까닭이다. 여행 비용도 마찬가지다. 전체 일정이 며칠인가. 어디에서 자는가, 무얼 먹는가에 따라 차이가 크다. 여기에서는 필자의 경험과 한국 여행자들의 사례를 종합하여 보편적인 일정과 여행 비용을 정리한다.

여행 일정을 며칠로 잡을까?

개인의 체력과 나이, 준비 운동 기간에 따라 전체 여행 일정은 천차만별이다. 필자는 25일 만에 순례 여행을 끝내는 사람도 보았다. 하루 꼬박 30km 이상을 걸어야 가능한 일정이다. 하지만 이런 일정은 조금 예외적인 경우다. 그런가 하면 50일 정도 일정을 잡고 천천히 여유롭게 걷는 사람도 목격했다. 하루 15km 조금 넘게 걸으면 된다. 이 경우도 조금 특별한 예이다.

카미노를 걷다 보면, 짧은 구간만 걷는 순례자도 제법 만나게 된다. 시간이 허락할 때마다 조금씩 걸어서 전체 구간을 완주하기도 한다. 우리나라 여행자 중에는 많이 없지만, 스페인과 그 밖의 유럽 여행자 중에는 이런 사람이 제법 있는 편이다. 직장인, 나이가 지긋한 분들, 몸이 불편한 여행자들이 주로 이렇게 걷는다. 자신의 여건과 체력에 맞게 순례 여행을 계획하고 실천한다.

프랑스 길을 걷는 사람들 가운데 가장 많은 사람은 30일~40일 만에 산티아고 대성당에 도착한다. 하루 평균 25km 남짓 걸으면 된다. 필자는 32일만 프랑스 길을 완주했다. 체력이나 건강에 문제가 없다는 것을 전제로, 필자의 경험으로 조언한다면, 성별을 떠나 30일~35일 정도가 적당하지 않을까 싶다.

꼼꼼하게 계획하고 떠나도 중간에 크고 작은 일이 발생한다. 발에 물집이 생기는 것은 다반사이고, 무릎이 아파 일정에 차질이 생기기도 한다. 원하지 않는 감기나 몸살이 찾아오기도 한다. 이렇게 되면 하루 걷는 거리를 줄이거나 하루 이틀 쉴 수도 있다. 이런저런 변수를 고려해 리턴 비행기는 조금 여유롭게 예약하거나 카미노를 마칠 즈음 항공편을 예약하길 추천한다.

여행 비용은 얼마나 들까?

순례 여행에 필요한 경비는 크게 교통비, 숙박비, 식사비로 나눌 수 있다. 비행기 등 교통비는 빨리 예약할수록 비용을 절감할 수 있다. 숙박비와 하루 2~3끼의 식사비는 카미노 일정 기간 매일 지급해야 한다. 만약, 배낭 이동 서비스를 이용한다면 추가 비용을 예상해야 한다. 숙박비, 식사비, 배낭 이동 서비스 등 현지에서 쓰는 비용은 카드와 현금으로 지급한다.

하루 숙박비는 10~20유로 정도이다

카미노 기간에는 대부분 순례자를 위한 숙소인 알베르게를 이용한다. 공립 알베르게는 10유로 안팎으로 비교적 저렴하다. 사립 알베르게는 다인실이 13~18유로 정도이다. 2인실이나 호스텔을 이용할 때는 비용이 40~60유로로 올라간다. 숙박 타입을 정하고 일수를 곱하면 숙박비를 추정할 수 있다. 요즘은 신용 카드 결제가 가능한 곳이 많아 편리하다. 파리에서 1박, 생장에서 1박, 여기에 유럽 여행 시 호텔비를 합하면 전체 숙박비를 예상할 수 있다.

식비, 음료, 간식비는 하루 20~50유로 정도 든다

아침은 문을 연 바에서 3~5유로 정도로 대부분 해결한다. 메뉴는 커피와 크루아상이나 토르티야이다. 전날 식료품점이나 슈퍼마켓에서 생수와 바나나 등 도보 여행 중에 필요한 간단한 먹거리를 준비할 수 있다. 점심은 카미노 중간에, 또는 목적지에 도착 후 바에서 순례자 메뉴와 맥주, 또는 음료를 마신다. 햄버거, 파에야 같은 단품 메뉴를 먹기도 한다. 점심 식사비는 10~20유로 안팎이다.

저녁은 대체로 식당에서 순례자 메뉴나 오늘의 메뉴를 먹는다. 가격은 15~20유로 정도이다. 전채 요리와 본 메뉴, 디저트로 구성된 가성비 좋은 메뉴이다. 주방 사용이 가능한 알베르게에서는 식재료를 구매해 직접 음식을 만들어 먹거나 간혹 라면으로 대체하기도 한다. 대형 슈퍼마켓이 있는 곳에선 즉석식품을 구매해 저렴하게 식사를 해결할 수도 있다.

정리하면 숙박비와 식비, 음료와 간식비까지 하루 40~60유로 정도 예상하면 된다. 숙소 형태, 식사 수준 등에 따라 개인차가 있지만, 카미노 33일 기준으로 1,500~2,000유로 정도 예상하면 큰 무리는 없다.

배낭 이동 서비스 등 그 밖의 비용

배낭 이동 서비스를 이용하게 되면 한 번에 5~6유로로 든다. 카미노 기간 외에 필요한 경비로는 왕복 항공료와 이동 교통비, 카미노 일정 외 유럽 체류 비용 등을 꼽을 수 있다. 항공료와 이동 교통비는 입국과 출국하는 곳이 어디인지에 따라 차이가 난다. 언제 예약하는지에 따라서도 비용 차이가 큰 편이다. 파리 입국과 마드리드 출국 일정이라면 파리행 항공료, 파리 하루 체류비, 생장 행 TGV 기차비를 계산해야 한다. 그리고 카미노를 끝내고 산티아고에서 머

무는 기간의 숙박비와 식비, 마드리드행 기차비와 마드리드에 머무는 동안의 숙소 비용과 식비 등을 계산하면 대략적인 비용을 산출할 수 있다. 각 비용은 예약 사이트에서 원하는 시기의 비용을 검색하면 좀 더 정확한 가격을 예상할 수 있다.

트래블 카드가 있으면 좋다

요즘은 대부분 카드 사용이 가능하여 현금을 많이 가지고 다닐 필요가 없다. 큰 마을엔 현금인출기가 있어서 필요한 만큼 돈을 인출할 수 있다. '유로 6000' 로고가 있는 현금인출기에서 현금을 찾으면 수수료도 낮다. 트래블 카드를 발급받으면 해외 결제 수수료가 없다. 환전수수료도 낮아 유용하게 사용할 수 있다.

참고로, 생장이 아니라 팜플로나, 부르고스, 레온, 사리아 등 스페인의 중간 마을에서 시작하는 사람도 있다. 이런 경우엔, 여행 경비가 완전히 달라진다. 다만 순례 완주증을 받으려면 스페인 북서부 마을 사리아Sarria에서는 시작해야 한다. 완주증은 최소 100km 이상 걸은 사람에게 주는데, 사리아가 딱 그 지점이다. 직장인이라면 이렇게 걷는 것도 좋은 방법이다. 도보 여행 기간을 포함하여 출국부터 귀국까지 7~10일 정도 일정을 잡으면 된다. 이땐 마드리드 IN, 마드리드 OUT이 제일 편리하다.

06 | 순례길의 하루 일과

순례 여행의 일과는 기상과 출발 준비, 카미노 걷기, 알베르게 도착과 그 이후로 나눌 수 있다. 보통 오전 6시쯤 기상하여 8시 이전에 걷기 시작한다. 아침과 점심은 대부분 걷는 중간에 먹는다. 알베르게에 무사히 도착한 이후엔 씻고, 빨래하고, 필요하면 다음 알베르게를 예약한다. 그 이후엔 마을 산책, 미사 참석, 바에서 맥주 한잔 등 개인마다 조금씩 다르다.

아침 기상과 출발 준비

🕐 06:00~08:00

카미노 일정은 대체로 아침 6~7시쯤 시작된다. 기상 후 세수하고 짐을 챙긴다. 봄과 여름은 해가 일찍 뜬다. 아침 7시경에도 길이 밝다. 여름철엔 더위를 피하여 일찍 일과를 시작한다. 오전 6시 전에 출발하기도 한다. 가을과 겨울에는 오전 8시쯤 해가 뜨기 시작한다. 이때는 오전 7~8시쯤 출발하는 게 좋다. 어슴푸레하게 날이 밝아 오는 시간이다.

짐은 전날 자기 전에 대충 미리 챙겨두는 게 좋다. 그래야 아침에 쉽게 짐을 꾸릴 수 있다. 아직 잠을 자는 순례자들도 있다. 취침 중인 순례자를 배려하며 조용히 짐은 꾸린다. 출발하기 전에는 꼭 스트레칭으로 밤새 굳은 몸을 풀어준다. 여건이 된다면 더운물로 샤워한다. 이렇게 하면 근육이 풀리고 체온이 올라가 부상을 예방할 수 있다. 다만, 다른 사람을 배려해 샤워는 짧게 조용히 한다. 발을 완전히 말린 후 양말을 신는다.

출발 전에 반드시 해야 할 일이 하나 더 있다. 두고 떠나는 물건이 없는지 꼼꼼히 확인한다. 매일 짐을 풀고 다시 꾸려 떠나야 하므로 잃어버리는 일이 종종 발생한다. 물건을 빠뜨리고 출발하면 여간 번거롭지 않다. 반드시 주변을 둘러보고 남겨둔 물건이 없는지 체크하는 루틴을 만들어야 한다. 미리 체크 리스트를 만들어 출발 전에 확인하면 좋다. 물건을 하나하나 체크하면서 자신이 사용했던 공간을 정리하도록 하자. 아름다운 사람은 머문 자리도 아름답다. 배낭 이동 서비스를 신청했다면 정해진 장소에 배낭을 두고 만약을 위해 꼭 사진을 찍어둔다.

순례길 걷기

🕐 08:00~15:00

금강산도 식후경이다. 하지만 순례 여행자들의 아침 식사 풍경은 다양하다. 아침을 준비해 주는 알베르게라면 예약해 먹을 수 있다. 하지만 의외로 이런 사람은 많지 않다. 많은 사람이 길을 걷다가 처음 휴식을 하는 마을의 바에서 아침 식사를 한다. 커피와 토르티야, 크루아상 등으로 간단히 아침을 먹는다. 전날 슈퍼마켓에서 사 두었다가 커피와 함께 먹는 사람도 있다.

걷다 보면, 혹은 중간에 쉬거나 아침을 먹다 보면 자연스레 순례자들을 만난다. 이때는 '부엔 카미노Buen Cami-no' 하고 인사를 건네자. 스페인어로 부엔은 '좋은', 카미노는 '길'이라는 의미이다. 순례자들의 안녕과 평화를 기원하는 뜻이 담겨있다. 순례길에서 가장 많이 하는 인사말이다. 반갑게 인사를 나누다 보면 서로 친구가 되기 쉽다. 순례자가 아닌 사람에게는 '올라'하고 인사한다. 안녕, 안녕하세요, 라는 뜻이다.

먹었으면 다시 걸어야 한다. 걷는 속도는 보통 시간당 4km 안팎이다. 걷는 속도와 남은 거리를 가늠하면 대략 도착시간을 예상할 수 있다. 순례 여행에선 걷는 일만큼이나 쉬는 것도 중요하다. 중간중간 쉬어야 컨디션을 잘 유지하며 목적지까지 갈 수 있다. 걷고 쉬기를 반복하면 시간은 어느새 오후로 향하고 있다. 보통 오후 12시~1시 전후에 점심을 먹는다.

아침과 마찬가지로 중간 마을에서 점심을 먹는다. 그날 걸어야 하는 거리가 짧을 때는 목적지에 도착하여 점심을 먹기도 한다. 맥주와 간식으로 점심을 대신하는 사람도 있다. 바에 가게 되면 나오기 전에 화장실에 꼭 다녀오는 게 좋다. 생수도 충분한지 점검하고 필요하면 보충한다. 그리고 마을의 성당이나 바, 식당에서 순례자 여권크레덴시알, Credencial에 잊지 말고 '세요Sello'를 찍어두자. 세요는 스페인어로 인지, 도장, 인장을 뜻하는데, 카미노 구간마다 순례를 인증하는 스탬프이다. 세요는 순례자 사무소, 알베르게, 성당, 바, 카페에서 찍어 준다. 가판대에서도 예쁜 세요를 찍어 준다. 순례를 마치고 여권에 찍힌 세요를 보면 지나온 마을과 거리, 카페와 바가 생생히 되살아난다. 시간이 흐른 뒤에도 세요는 카미노의 추억을 즐겁게 호출해 준다.

카미노를 걷다 보면 신발에 땀이 찬다, 봄부터 가을까지 특히 그러한데, 양말이 젖고 신발에 땀이 차면 발에 물집이 생길 확률이 높아진다. 따라서 휴식할 때는 신발과 양말을 벗어 말린다. 발도 자주 말린다. 이 일은 귀찮아도 꼭 해야 할 중요한 일과 중 하나이다. 다만, 다른 순례자들에게 피해가 없도록 에티켓을 지키며 실외에서 하도록 한다.

알베르게 도착, 그리고 그 이후
🕐 15:00~22:00

알베르게엔 가능하면 15시까지는 도착하는 게 좋다. 전화나 왓츠앱으로 예약할 때는 오후 2시까지 도착할 것을 요구하는 알베르게도 많다. 만약 도착시간이 늦어질 것 같으면 미리 알베르게에 도착 예정 시간을 알려주어야 한다. 알베르게에 도착하면 여권과 순례자 여권을 주인에게 제시한다. 주인은 순례자 여권에 세요를 찍어 주고, 침대도 배정해 준다.

신발과 스틱은 지정된 장소에 둔다. 배낭은 침실 바닥에 두어야 한다. 침대 매트리스에 일회용 시트를 깐다. 가끔 시트를 별도 구매해야 하는 알베르게도 있다. 가능하면 일회용 시트를 구매하여 매트리스를 덮도록 하자. 베드버그를 방지할 수 있는 마지막 방법 가운데 하나이다. 시트를 깐 뒤 배낭에서 침낭을 꺼내 잠자리를 봐둔다. 침대 정리가 끝나면 샤워하고 옷을 갈아입는다. 샤워실에 갈 때 전화기와 지갑 등을 챙겨가길 추천한다. 가끔 분실하는 일이 일어난다. 샤워 후에는 양말, 옷가지 등을 빤다. 손빨래 외에 세탁기나 건조기를 사용할 때는 사용료를 지급한다. 비용은 각각 3~4유로 정도이다. 함께 세탁할 사람이 있으면 비용을 절약할 수 있다. 이때는 세탁물이 서로 섞일 수 있으므로, 세탁 망을 사용한다. 한국에서 미리 가져가면 유용하게 사용할 수 있다. 빨래를 빨랫줄에 널어놓으면 날씨가 좋은 날엔 2~3시간이면 바짝 마른다. 신었던 신발도 마당에서 햇빛에 말린다.

세탁까지 끝나면 급한 일과는 거의 마쳤다고 볼 수 있다. 그 이후엔 대부분 마을을 구경하거나, 바에서 순례자들과 맥주 한잔 마시면서 오후의 휴식을 즐긴다. 스페인엔 낮잠을 자는 시에스타 관습이 있다. 보통 14시~17시 전후이다. 이때는 문을 닫는 마트와 약국이 많다. 이를 고려해 시간을 잘 맞추어야 한다. 다음날 배낭 이동 서비스를 이용할 예정이면 서비스 업체에 오후 6시 전까지 문자를 보내 배낭 수거 답장을 받아 둔다. 필요하면 다음 날 묵을 알베르게도 예약해 둔다.

이제, 저녁을 먹을 차례이다. 마을의 식당은 보통 7시 이후에 문을 연다. 예약을 받아 저녁을 제공하는 알베르게도 있다. 부엌이 있으면 저녁을 해서 먹을 수도 있다. 식사 전후에 마을 성당의 저녁 미사에 참석하는 사람도 있다. 어느덧 하루를 마감할 시간이다. 공립 알베르게는 대부분 밤 10시가 통금이다. 이 시간이 넘으면 출입을 할 수 없다. 대부분 10시에 불을 끄고 잠자리에 든다.

07 | 순례길에서 꼭 알아야 할 용어들

알베르게, 부엔 카미노, 세요, 순례자 여권....... 산티아고 순례 여행에서만 사용하는 용어들이 있다. 자주 사용하는 용어는 10개 미만이다. 즐겁고 성공적인 순례 여행을 위해 꼭 알아두어야 하는 용어를 정리하여 소개한다.

부엔 카미노 Buen Camino

순례자들이 서로 주고받는 인사말이다. 스페인어로 부엔은 '좋은'이라는 뜻이고, 카미노는 '길'이라는 말이다. 직역하면 '좋은 길'이라는 의미다. 순례 여행이 행복과 축복으로 가득하기를 바란다는 의미로 나누는 인사말이다. 생장에서 같은 날 순례를 시작했다면 특별한 일이 없는 한, 길과 알베르게, 바에서 자주 마주치게 된다. 거의 매일 마주치는 사람도 있다. 반갑게 인사를 나누면 친밀감이 쌓이고 시간이 흐르면 자연스럽게 서로 응원하는 친구가 된다.

조가비

조가비는 성 야고보의 시신과 얽힌 이야기가 전설처럼 내려오다가 순례길의 상징이 되었다. 야고보는 예루살렘의 유대주의자 헤롯 아그리파 왕에게 처형당했다. 제자들이 그의 유해를 배에 실어 지중해에 띄워 보냈으나 파도에 휩쓸려 그만 그의 관이 바다에 빠졌다. 다행히 관이 조가비에 싸여 손상되지 않고 스페인 갈리시아 지방의 해안에 닿았다는 전설이 있다. 그 이후 조가비는 순례자의 상징이 되었고, 조가비를 배낭에 달고 카미노를 걸으면 야고보가 순례자를 지켜줄 것이라 믿음이 생겨났다. 순례길에서 조가비 표지석과 표식을 자주 만나게 된다.

노란 화살표

노란 화살표는 순례자들에게 길을 안내하는 가장 중요한 표식이다. 순례길에서 조가비보다 더 자주 만나게 된다. 카미노 후반부에 오 세브레이로 O Cebreiro라는 마을이 있다. 산티아고 데 콤포스텔라 전방 약 150km 지점에 있는 작은 마을이다. 1984년 이 마을의 돈 엘리아스 발리냐 삼페드로 Don Elias Valiña Sampedro 신부가 안갯속에서 길을 잃고 헤매는 순례자를 발견한 후 노란 화살표를 고안하였다. 돈 엘리아스 신부는 직접 차를 몰고 다니며 길에 노란 화살표를 표기했다. 노란 화살표는 1987년 순례길 공식표식이 되었다. 노란 화살표는 잘 표시되어 있다. 화살표를 따라가면 길을 잃지 않고 산티아고까지 갈 수 있다. 노란 화살표는 조가비 표식과 더불어 먼 길을 가는 순례자에게 큰 안도감을 준다. 오 세브레이로의 성당 옆에 돈 엘리아스 신부의 뜻을 기리는 흉상이 있다.

순례자 여권 Credencial

순례자 여권크리덴셜, 크레덴시알은 순례자임을 증명하는 여권이다. 순례자 여권은 생장의 순례자 접수 사무소, 알베르게, 순례길에 있는 성당의 본당대성당 등에서 발급받을 수 있다. 순례자 여권이 있어야 공공 알베르게를 이용할 수 있다. 순례자 여권의 기원은 중세로 거슬러 올라간다. 이때 순례자들에게 발급해 준 통행허가증이 순례자 여권으로 발전되었다.

세요 Sello

세요는 스페인어로 인증, 도장, 스탬프라는 말이다. 더 정확하게는 순례 여행을 하면서 순례자 여권에 인증 도장 또는 인증 스탬프를 찍는 것을 뜻한다. 순례길에 있는 성당, 박물관, 바, 식당, 알베르게 등에서 스탬프를 받을 수 있다. 카미노 경로를 인증하는 중요한 스탬프로 하루에 세요를 최소 2개는 받아야 한다. 세요를 받는 재미가 제법 쏠쏠하다. 세요는 나중에 산티아고에 도착해서 완주증을 받는 데 중요한 역할을 한다. 따라서 순례자 여권을 분실하지 않도록 조심해야 한다. 비에 젖지 않도록 비닐봉지에 넣어 관리하는 게 좋다.

알베르게 Alvergue

스페인어로 호스텔을 뜻한다. 순례자들을 위한 숙박시설이다. 알베르게 대부분은 다인실로, 이층침대로 구성되었다. 크게 공립(시립), 사립, 수도원이나 수녀원 등 가톨릭 교구에서 운영하는 알베르게로 구분된다. 알베르게는 나이, 성별 구분 없이 대부분 도착 순서대로 침대를 배정받고 공동으로 화장실과 샤워실을 사용한다. 세탁기와 건조기는 유료로 사용할 수 있다. 주방이 있어서 취사할 수 있는 곳도 있으나, 전자레인지만 있어서 간단히 음식을 데워 먹을 수 있는 곳도 많다. 사설 알베르게는 바와 식당을 함께 운영하는 곳이 많아 주방이 없는 곳이 많다. 이불이나 수건을 주는 곳이 거의 없다. 모두 자신의 침낭을 사용한다. 보통 밤 10시에 소등하고 아침 8시까지 모두 퇴실해야 한다.

① 공립(시립) 알베르게

명칭에 municipal, peregrino, public 등이 들어간다. 각 지방정부와 여러 단체가 운영해서 통일된 명칭은 없으나, 위의 단어로 판단하면 그게 무리는 없다. 대부분 예약이 불가능하고 선착순으로 입실한다. 다만, 론세스바예스의 공립 알베르게는 예약할 수 있다. 팜플로나의 Albergue Municipal Jesús y María는 10월~4월까지는 예약할 수 있다. 비용이 저렴한 편(10유로 정도)이나 시설이 조금 낡았다. 취사를 할 수 있는 곳이 많다. 대부분 수용 인원이 많다.

② 가톨릭 교구에서 운영하는 알베르게

명칭에는 Convento(수녀원), Monasterio(수도원), Parroquia(교구) 등이 들어간다. 정해진 요금이 없이 순례자들이 자율적으로 얼마간 내는 기부제 알베르게도 있다. 저녁과 아침을 제공하는 알베르게도 있다. 미사에 참석하거나 간단한 의식을 진행하는 곳도 있다.

③ 민간 알베르게
알베르게의 대부분이 민간이 운영하는 사설 알베르게이다. 깨끗한 시설과 서비스를 제공하지만, 가격이 15~18유로로 공립보다 비싸다. 다인실 외에 가격에 따라 2인실, 4인실 등 객실이 다양하게 구성된 알베르게도 있다. 전화, 왓츠앱, 부킹닷컴, 메일 등으로 예약할 수 있다.

배낭 이동 서비스
카미노에서 무거운 배낭을 알베르게까지 운반해 주는 서비스이다. 일명 동키 서비스라고 한다. 하지만 이는 콩글리시로 외국인은 알아듣지 못한다. transport service, transport mochila라고 해야 한다. mochila모칠라는 짐 또는 가방이라는 뜻이다.

순례 증명서Compostela
순례 증명서는 카미노를 완주했으며, 성 야고보의 묘지를 참배했음을 증명하는 문서이다. 순례 증명서는 중세부터 있었다. 산티아고까지 최소 100km를 걷거나 자전거로 200km를 달려온 사람에게 준다. 한 가지 조건이 더 있다. 순례자 여권에 하루 최소 세요 스탬프 2개를 받아야 한다.

증명서는 순례자 안내소Pilgrim's Reception Office에서 발급해 준다. 이 외에 출발과 도착지, 거리 일자 등이 표기된 거리 증명서가 있다. 유료 증명서로 3유로이다. 증명서를 넣을 통도 2유로에 판매한다. 순례자 안내소는 산티아고 대성당 앞 광장 북쪽 끝(성당에서 광장을 바라보았을 때 오른쪽 끝) 계단을 내려가 우측 골목으로 200m 떨어져 있다.

이와 별개로 부르고스와 레온 사이에 있는 사하군Sahagún에서 발급하는 중간 순례증(반주증)을 받을 수도 있다. 순례길 중간 지점인 사하군의 공립 페레그리노스 클루니 알베르게Albergue Municipal de Peregrinos Cluny와 성모 마리아 성지Santuario de la Virgen Peregrina에서 발급하는 증명서이다. 유료 증명서로 가격은 3유로이다. 순례 중간쯤에 좋은 추억 거리와 완주를 위한 동기부여를 위해 한 번쯤 들르는 것도 좋을 듯하다.

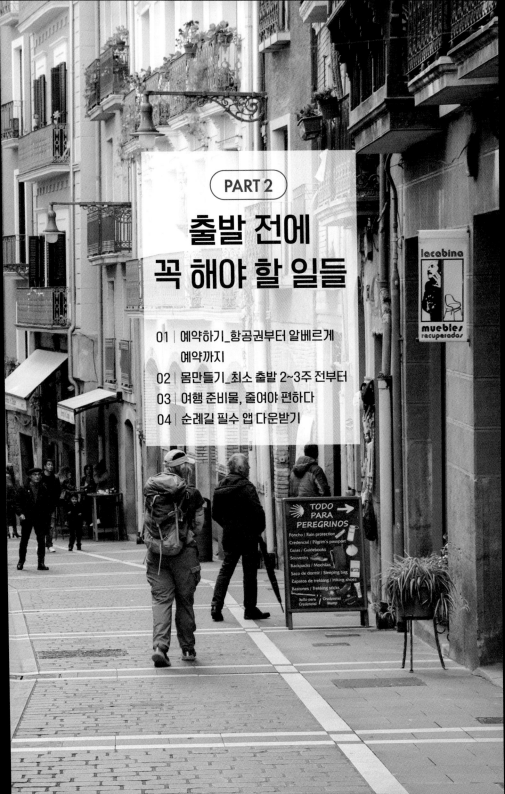

(PART 2)

출발 전에
꼭 해야 할 일들

01 | 예약하기_항공권부터 알베르게까지

카미노 여행을 결정했다면 교통편과 숙소부터 예약해야 한다. 프랑스 생장에서 출발한다면 파리행 항공권, 파리에서 하루 머물 숙소, TGV 열차, 생장에서 1박 할 알베르게, 순례 첫날 머물 론세스바예스의 알베르게 등을 꼭 예약해야 한다. 성수기인 4월 말~10월엔 3일 후까지 머물 알베르게도 예약하는 게 안전하다.

항공권, 현지 교통편, 숙소……. 순례 여행에 필요한 예약은 성공적인 카미노 여행을 위한 필수 조건이다. 이 글에서는 가장 많이 걷는 프랑스 길을 기준으로, 비교적 쉽고 보편적인 예약 방법을 설명하기로 한다.

파리행 항공권 예약하기

산티아고 순례길을 준비하면서 제일 먼저 할 일은 항공권 예약이다. 일정을 확정하고 항공권을 구매하면 카미노로 떠날 확률이 99%이다. 우리나라 순례객들은 대부분 파리를 거쳐 생장에서 시작하는 프랑스 길을 걷는다. 다행히 파리는 유럽의 다른 도시들보다 항공편이 많다. 귀국편은 사람마다 다르다. 일반으로 마드리드, 바르셀로나, 파리를 많이 선택한다. 이 세 도시를 선택하는 이유는 귀국하기 편리하고, 카미노를 마치고 여행하기에도 좋은 곳이기 때문이다.

출국부터 귀국할 때까지 일정은 보통 40일 안팎으로 잡으면 된다. 출국해서 파리를 경유하여 생장까지 가는데 2일, 순례 여행 33일, 산티아고 도착 후 휴식 및 유럽 관광 4~5일 정도 일정을 잡는 게 일반적이다. 파리행 항공권은 최소 출발 2~3개월 전에는 예약할 것을 추천한다. 월스트리트저널의 항공권 구매 공식에 따르면 얼리버드와 일요일이 가장 저렴하다고 한다. 가능하면 빨리, 일요일에 구매해야 비용을 아낄 수 있다는 것이다.

항공권 가격 비교는 스카이스캐너와 네이버 항공권에서 하는 게 보편적이다. 합리적인 가격과 비행시간이 짧은 항공권을 선택하면 된다. 항공권은 항공사 또는 국내 여행사를 통해 구매하기를 추천한다. 일정 변경 사유가 발생했을 때 업무 처리가 편리하기 때문이다.

귀국편 항공권은 일정을 조금 여유있게 예약하길 추천한다. 카미노 일정에 변화가 생기는 일이 종종 발생하기 때문이다. 이럴 땐 아쉽지만, 순례 여행 종료 후 예정된 유럽 여행 일정을 단축하는 것 말고는 마땅한 방법이 없다. 가끔 먼저 유럽을 여행한 다음 산티아고를 걷는 사람이 있다. 이럴 땐 순례 여행 일정에 변화가 생기면 예약한 항공기에 탑승하지 못하는 불상사가 생길 수 있다. 흔한 일은 아니지만 종종 발생한다. 그러므로 유럽 여행은 꼭 순례 여행을 마친 뒤 하기를 권한다.

생장 행 테제베(TGV) 예약하기

파리의 몽파르나스Gare Montparnasse 역에서 생장피에드포르Saint Jean Pied de Port까지 가는 기차표를 예약한다. 몽파르나스 역에서 아침 첫 TGV 열차를 타고 프랑스 남서부 끝에 있는 도시 바욘Bayonne까지 간 다음, 바욘에서 생장 행 기차로 환승하는 기차 편이다. 프랑스 기차 예약 앱 SNCF나 유럽교통 예약사이트인 OMIO 앱에서 예약하면 된다. 빨리 예약할수록 가격이 저렴하다. 예약 후 QR코드나 예약 파일(PDF 파일)을 휴대

전화에 캡처 또는 다운로드해 두면 현지에서 편리하다. PC에서도 예약할 수 있으나, 휴대전화에 미리 앱을 다운받아 사용법을 숙지하면 순례 여행 후 유럽을 여행할 때도 편리하게 사용할 수 있다.

파리 숙소 예약하기

파리 도착 후 다음 날 생장 행 기차를 타기 위해 하루를 숙박
한다. 호텔 예약 사이트는 여러 가지 있으나 부킹닷컴 앱을 다
운받아 사용하길 권한다. 부킹닷컴은 알베르게를 예약할 때
가장 많이 사용하는 앱이다. 미리 사용법을 익혀두면 편리하
다. 몽파르나스 역 인근에 숙소를 정하면 다음 날 첫 기차를
타는 데 편리하다.

파리의 샤를 드골 공항CDG에서 몽파르나스 기차역까지 가는
방법은 RER B라인 기차를 타고 포호흐 알라Port-Royal 역 또
는 당페르-로슈로Denfert-Rochereau 역에서 지하철로 환승해
몽파르나스 지하철Montparnasse-Bienvenüe역까지 가면 된다.
지하철역에서 몽파르나스 기차역까지는 걸어서 7분 거리이
다. 샤를 드골 공항에서 몽파르나스 기차역까지 1시간 남짓
걸린다. 포호흐 알라Port-Royal 역 또는 당페르-로슈로 역에
서 내려 걸어가는 방법도 있다. 15~20분 정도 걸어가면 된다.
공항에서 택시를 이용하면 더 편리하게 몽파르나스 기차역 또
는 주변 숙소까지 갈 수 있다. 소요 시간은 50분 남짓이며, 택
시비는 60유로 정도이다. 우버 앱을 다운받아 활용하면 편리
하다. 어떤 교통편을 이용하든 미리 구글맵을 다운받아 경로를 파악해 두길 권한다.

알베르게 예약하기

알베르게는 순례자 숙소를 뜻하는 스페인어이다. 출국하기 전에 최소 2~3일 치 순례자 숙소를 예약하길 권한
다. 일반으로 출발 하루 전에 머물 생장, 순례 첫날에 머물게 되는 론세스바예스Roncesvalles, 둘째 날 머물 수비
리Zubiri의 알베르게까지 예약한다. 성수기5월~9월라면 3~4일간 머물 숙소까지 예약하는 게 안전하다.

① 생장의 알베르게

생장에서는 순례자들이 55번 공립 알베르게Albergue municipal SJPP를 많이 이용한다. 비용이 적게 들어서 좋지만, 공립이라 예약을 받지 않는다. 매일 선착순으로 도착하는 대로 머물 수 있다. 사립 알베르게는 예약할 수 있다. 카미노 앱인 부엔카미노나 그론세닷컴에서 평점이 높은 사립 알베르게를 검색한 다음 부킹닷컴, 문자, 전화 등으로 예약할 수 있다. 처음 떠나는 산티아고 순례길이라면 안전하게 사립 알베르게를 예약하고 출발할 것을 추천한다.

② 론세스바예스의 알베르게

론세스바예스는 카미노 여행의 첫날 목적지이다. 이곳 알베르게는 공립이지만 홈페이지https://albergue de roncesvalles.com/에서 예약할 수 있다. 저녁과 다음 날 아침 식사까지 선택 예약할 수 있다. 주변에 마땅한 식당이 없으므로 저녁 식사는 예약하고, 아침은 길을 걷다가 문이 열린 바에서 먹는 것을 추천한다.

③ 수비리와 팜플로나의 알베르게

성수기에 출발할 때는 두 번째, 세 번째 마을인 수비리Zubiri와 팜플로나Pamplona까지 예약할 것을 추천한다. 셋째 날까지는 순례자 대부분이 같은 마을에 머물기 때문에 성수기에는 숙소가 부족하다. 팜플로나에서는 사립 알베르게를 예약하거나 공립인 알베르게 헤수시 마리아Albergue Jesus y Maria를 많이 이용한다. 110여 개의 침대를 가진 대규모 알베르게이지만, 성수기인 5~9월까지는 예약이 불가하다. 이때는 당일 선착순으로 이용할 수 있다.

여행자 보험 들기와 유럽 여행 준비

항공권, 파리 숙박, 생장 행 교통편, 알베르게생장. 론세스바예스, 수비리까지 예약을 완료했다면 출발 전에 예약할 것은 다 마쳤다고 보아도 된다. 이제 남은 것은 여행자 보험이다. 산티아고 순례길은 40여 일 동안 이어지는 긴 여행이다. 순례 도중 무슨 일이든 일어날 수 있는 기간이다. 따라서 여행자 보험은 출발 전에 반드시 들어야 한다. 보장 범위와 보장액, 보험 금액 등을 꼼꼼하게 체크하고 가입하자.

순례 여행이 중반을 넘어서면 특별한 일이 없는 한 남은 일정은 거의 확정적이라고 보아도 좋다. 이때는 도착지 산티아고에서 머물 숙소와 여행하고자 하는 도시로 가는 항공권, 여행지에서 머물 숙소를 예약하면 된다.

02 | 몸만들기_최소 출발 2~3주 전부터

산티아고 순례길은 30일 안팎 일정에 800km를 걷는 대장정이다. 하루에 꼬박 25km 걸어야 하므로, 다리 근육을 미리 강화하는 게 좋다. 카미노 출발 최소 2~3주 전부터는 몸만들기를 하는 게 좋다. 그렇다고 무리해서 운동할 필요는 없다. 체력이 약하거나 컨디션이 안 좋으면 '배낭 이동 서비스'를 이용하면 되므로, 너무 걱정하지 말자.

©pexels-Melanie

다리 근육을 키워야 순례길이 순탄하다

카미노를 성공적으로 완주하기 위해서는 출발하기 전에 몸을 만들어야 한다. 평소에 운동하는 사람도 그렇지만, 특히 규칙적인 운동을 하지 않는 사람이라면 더더욱 걷기에 알맞은 몸을 만들어 놓아야 한다. 다리 근육을 키우고 폐활량도 늘여야 한다. 카미노 첫날부터 난코스이다. 생장에서 출발하자마자 프랑스와 스페인의 국경을 가르는 피레네산맥이 어깨를 딱 편 채 기다리고 있다. 고도 1,400m까지 올라가야 한다. 내리막길도 만만치 않다. 몸을 제대로 만들지 않고 도전하면 바로 다음 날부터 근육통으로 고생을 할 수 있다.

언제부터, 하루에 얼마만큼 운동해야 할까? 사람에 따라 다르기에 정답은 없지만, 출발 한 달 전부터 몸만들기에 돌입하길 권한다. 늦어도 2~3주 전부터는 운동을 시작하는 게 좋다. 처음엔 조금씩 걷다가 차츰 운동의 강도를 높여 근육량을 늘려 놓아야 한다. 평소에 특별한 운동을 하지 않는 사람이라면 첫날은 5km 정도 거리를 평소보다 약간 빠른 속도로 걷기 시작하는 게 좋다. 1주일 후에는 하루 8~10km까지 거리를 늘린다. 처음 며칠은 힘들지만 걷다 보면 몸이 적응하기 시작한다. 속도는 4km/h에서 시작하여 6km/h까지 점차 올린다. 신발은 카미노에서 신을 것을 미리 신고 걷는다. 새 신발을 구매할 계획이면 빨리 준비해 출발 전까지 발에 익숙하게 만들어야 한다. 신발은 등산화나 트레킹화가 좋지만, 그보다 더 중요한 건 익숙해지는 것이다. 내 발에 익숙해진 신발이 가장 좋은 신발이다.

2주 차에는 배낭을 메고 걷는다. 둘레길이나, 높지 않은 산을 오르면서 내 몸을 배낭 메는 것에 익숙하게 만들어야 한다. 이렇게 하면 다리뿐 아니라 배낭을 지탱하는 어깨와 등 근육 등을 키우는 데 도움이 된다. 처음부터 무거운 배낭을 메는 것은 피하는 게 좋다. 배낭에 2리터 생수병을 한두 개 정도 넣고 걷는다. 거리도 10km를 넘지 않는 게 좋다. 두 번째, 세 번째는 배낭 무게를 더 늘리도록 한다. 거리도 차츰 늘려서 마지막에는 20km까지 걸어보자. 이렇게 한 달 또는 최소 2~3주 지나고 나면 어느새 근육이 늘고 지구력이 생긴다. 몸을 만들고 나면 스스로 자신감도 생긴다.

힘들면 '배낭 이동 서비스'를 이용하자

산티아고 순례길을 꿈꾸지만, 만약 허리가 좋지 않거나 체력에 자신이 없어서 주저하는 사람이 있을 것이다. 몸만들기를 제대로 하지 못했다고 걱정할 필요는 없다. 순례길엔 이런 사람을 위해 '배낭 이동 서비스'라는 게 있으므로, 지레 겁먹을 필요 없다. 두 개 업체에서 운영하는데, 한번 이용할 때 비용은 대체로 6유로 내외이다. 카미노는 빨리 걷는 게 목적이 아니다. 몸 상태와 체력을 인지하여 상황에 맞게 걸으면 된다. 게다가 산티아고 순례길은 우리나라 등산로처럼 경사가 급하거나 계단이 많거나 하지 않다. 대부분 평지이고, 경사가 있더라도 완만한 편이다. 길도 잘 정비되어 있다. 카미노 중간에 쉬어 갈 수 있는 마을도 있으니 걱정하지 말자. 출발 2~3주 전, 최소 2주 전 몇 차례 운동량을 점차 늘려가면서 다리 근육을 강화해 놓으면 무리 없이 적응할 수 있다. 위에서 잠깐 이야기했듯이, 최대 고비는 피레네산맥을 넘는 첫날이다. 피레네산맥을 무사히 넘었다면 큰 걱정은 하지 않아도 된다. 다만, 그래도 순례길 첫 1주일 동안은 몸이 꽤 힘들다. 매일 25km 남짓을 걸으려면 몸이 적응하는 시간이 필요하다. 이 시기가 지나고 나면 걷는 속도도 빨라지고 몸도 훨씬 가벼워진다.

03 | 여행 준비물, 줄여야 편하다

결론부터 말하면, 준비물이 많을수록, 배낭이 무거울수록 고난의 카미노가 될 가능성이 높다. 줄이면 줄일수록 순례길이 가볍고 행복해진다. 준비물 중 가장 중요한 건 신발과 배낭, 그리고 양말이다. 이 글에서는 카미노에서 꼭 필요한 물건을 정리한다.

짐은 줄일수록 행복해진다

당연한 이야기이지만 배낭이 무거우면 그만큼 순례길이 힘겹다. 따라서 꼭 필요한 물품만 최소한으로 준비하는 게 중요하다. 짐은 체크 리스트를 만들어 하나하나 점검하면서 준비하는 게 좋다. 아래에 소개하는 필수 준비물 중심으로 챙기고 더 필요한 건 현지에서 구매하는 방법도 있다.

배낭의 무게는 통상 몸무게의 10%를 넘지 않는 게 좋다. 카미노에서는 물과 간식을 넣고 걷기 때문에 1kg 정도 더 무거워진다. 순례 여행을 준비할 때는 무엇이 필요할지 고민하지만, 정작 카미노를 걷다 보면 무엇을 버릴까를 고민하게 된다. 알베르게에 순례자들이 버리고 간 많은 물건이 이를 웅변해 준다.

물품은 아니지만 꼭 준비해야 하는 게 두 가지 있다. 하나는 카미노 앱을 휴대전화에 다운받는 것이고, 다른 하나는 영어와 스페인어 기본 회화를 학습하는 것이다. 카미노 앱은 미리 다운받아 사용법을 숙지하면 현지에서 유용하게 사용할 수 있다. 기본 회화는 순례자들과 사귀는 데 도움이 된다. 번역 앱을 활용해도 되지만, 인사말이나 음식 이름 등 간단하지만 필수인 회화를 알고 가면 순례 여행을 더 재미있게 할 수 있다.

필수 준비물, 신발부터 헤드랜턴까지

① 경등산화와 슬리퍼

신발은 방수가 되는 등산화나 트레킹화를 추천한다. 돌이 많은 미끄러운 산길을 걸어야 하고, 비가 오는 날에도 걸음을 멈출 수 없다. 가볍고 쿠션 좋은 등산화나 트레킹화가 많다. 값비싼 브랜드도 좋지만, 이보다 더 중요한 것은 오래 길들여 신발이 발에 잘 맞아야 한다는 점이다. 가능하면 가볍고, 돌이 많은 산행에 무리가 없는 경등산화가 좋다. 발목이 약한 분은 발목까지 오는 미들 컷 경등산화를 추천한다. 하이킹 경험이 많다면 트레킹화나 로컷 경등산화가 좋다. 하루 평균 7~8시간은 걸어야 하는 순례길에선 다리가 천근만근이다. 로컷 경등산화는 발을 한결 가볍게 해줄 것이다.

신발 크기는 평소보다 한두 치수 큰 걸 선택한다. 등산용 양말을 장시간 신고 있으

면 발이 붓는다. 발톱을 보호하기 위해서도 조금 큰 등산화를 신는 게 중요하다. 등산용 양말을 신고 손가락 하나 정도 들어갈 여유가 있는 것이 좋다. 신발은 새로 구매했다면 꼭 길을 들여서 가져가야 한다. 거듭 말하지만, 발에 익숙한 신발이 좋은 신발이다.

등산화 외에 숙소에서 사용할 슬리퍼나 샌들이 필요하다. 샤워할 때나 동네 산책할 때 편리하게 사용할 수 있다.

② 배낭과 보조 배낭
배낭은 신발과 마찬가지로 800km 내내 내 몸과 함께 움직여야 한다. 배낭은 신발만큼 중요하다. 일반으로 골반과 허리가 배낭 무게의 70% 지탱한다. 나머지 30% 정도는 어깨가 담당한다. 배낭은 등에 감기듯 밀착되는 게 좋다. 여기에 가볍고 허리띠가 탄탄하게 매어지면 합격이다. 배낭 사이즈는 남자는 36~40L, 여성은 34~36L 정도가 적당하다. 그리고 배낭 멜빵에 달 수 있는 물통 파우치를 꼭 준비하자. 물을 자주 마시게 되는데 물병을 꺼낼 때 매번 배낭을 벗는 번거로움을 해결할 수 있다.

휴대용 보조 배낭도 필요하다. 배낭 이동 서비스를 이용할 때 유용하게 사용할 수 있다. 메인 배낭은 이동 서비스 편에 보내고, 물과 지갑, 기타 소지품은 보조 배낭에 넣고 길을 나서면 된다. 10~20L 정도 되는 작고 가벼운 걸 선택하되, 접어서 보관할 수 있는 휴대용 배낭이면 된다.

③ 등산 스틱
등산 스틱은 2개 한 쌍으로 접어 배낭에 넣을 수 있는 가벼운 것으로 준비한다.

④ 등산 스패츠
비 오는 날 바지와 신발이 더러워지고 물에 젖는 것을 막을 수 있다. 어떤 순례자는 비닐봉지로 감싸거나 신발 방수 커버를 사용하기도 한다. 스패츠를 신발 앞부분을 덮을 수 있게 개량하면 비 오는 날 신발이 젖는 걸 막을 수 있다.

⑤ 판초 우의
배낭을 덮는 방수 커버가 있지만 비가 많이 오면 배낭까지 덮을 수 있는 판초 우의가 필요하다. 스타일은 소매가 없는 판초와 소매가 있는 것으로 나눌 수 있다. 소매 없는 판초는 바람이 불면 펄럭일 수 있으나 입고 벗기 편리하다. 소매 있는 스타일은 손목과 팔로 빗물이 들어가지 않아 효과적이나 바람이 잘 통하지 않아 덥다. 무엇을 선택하든 가볍고 길이가 긴 걸 추천한다.

⑥ 침낭
알베르게에는 대부분 이불이 없다. 두꺼운 침낭은 무게와 부피가 크므로 가볍고 부피가 작은 걸 선택한다. 1kg 미만의 경량 침낭을 준비한다. 만약, 추우면 경량 패딩 점퍼를 입고 자면 된다. 사각형 모양 침낭이 편리하다.

⑦ 등산 양말

양말은 매우 중요한 준비물이다. 얇은 발가락 양말과 울 양말을 같이 준비하면 좋다. 발가락에 물집이 생기지 않게 해야 하기 때문이다. 얇은 발가락 양말을 안에 신고 그 위에 울 양말을 신는 방법을 추천한다. 조금 더울 수 있다. 그러나 발가락 양말이 마찰을 줄여 주고 울 양말은 땀을 흡수하고 빨리 말려준다. 가격이 조금 비싸더라도 2~3세트 준비한다. 양말에 볼펜으로 내 것 표시를 해두는 것이 좋다. 빨래하거나 말릴 때 쉽게 찾을 수 있다.

⑧ 의류와 속옷, 수건

상의 재킷 1벌, 티셔츠 2~3벌(빨리 건조되는 기능성 의류), 경량 패딩 점퍼(아침저녁 기온 차가 심하므로 필수 준비)

하의 바지 2벌(반바지와 긴바지 겸용이 가능한 게 편리)

속옷 2~3벌(기능성으로 빠르게 건조되는 제품)

모자 햇빛이 강하므로 챙이 넓고 가벼운 제품

얇은 장갑과 버프 기온이 낮은 가을 새벽에 출발할 때 필요

⑨ 위생용품

세면도구 치약, 칫솔, 올인 원 샴푸(헤어와 바디를 함께 사용하는 제품), 스포츠 타올 1개(큰 사이즈가 편리)

의약품 1회용 주사침 약간(물집 생겼을 때 사용), 알코올 솜 약간, 항생제 연고, 소염진통제, 3M 종이 반창고, 무릎보호대, 손톱 깎기(발톱을 자주 깎아 주어야 함), 휴대용 바늘, 선크림, 바셀린

⑩ 기타 준비물

여권

여권 사본

증명사진 2매(여권 분실 시 필요)

선글라스

휴대전화

심 카드 또는 로밍

필기도구

세탁 망(공동으로 세탁할 때 다른 사람들과 섞이지 않아 편리함. 세제는 필요 없음)

보조배터리(용량이 낮은 것이 가벼워 좋음)

충전기(이어폰은 유선 이어폰이 충전할 필요가 없어 편리함)

안경(파손 또는 분실을 대비한 여분의 안경)

지퍼 봉투(여권과 순례자 크리덴셜을 넣고 다닐 크기의 지퍼 봉투 2~3장)

복대(여분의 카드와 비상금 관리)

옷핀 3~4개(빨래집게 대용, 마르지 않은 양말을 배낭에 메고 다닐 때도 사용)

루프 3~4m(배낭을 비행기 위탁화물로 보낼 때 필요, 알베르게 침대 커튼 줄로 사용)

헤드랜턴(새벽 일찍 출발하는 타입이면 준비한다. 양손을 사용할 수 있어서 편리)

04 순례길 필수 앱 다운받기

순례길에서 필요한 앱은 크게 셋으로 나눌 수 있다. 순례 여행을 안내해 주는 카미노 앱, 교통 관련 앱, 숙박 예약 앱이 그것이다. 이 세 가지만 있으면 큰 어려움 없이 순례 여행을 할 수 있다. 이밖에 SNS 앱, 구글맵, 구글과 파파고 번역 앱, 트래블 카드 사용 앱 등을 다운받아 놓으면 편리하다.

카미노 앱, 사용법을 미리 익혀두자

카미노 앱은 말 그대로 순례길을 안내해 주는 앱이다. 카미노 앱은 여럿인데, 그중에서 두 개 정도 미리 휴대전화에 다운받아 놓는다. 출발 전에 앱의 구성 내용과 사용법을 미리 익혀두면 실전에서 편리하게 사용할 수 있다.

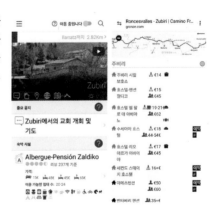

대표적인 카미노 안내 앱

① 부엔카미노(Buen Camino)
② 그론세닷컴(Gronze.com)
③ 카미노닌자(Camino Ninja)
④ 카미노필그림(Camino Pilgrim)

위의 네 가지 앱 중에서 부엔카미노와 그론세닷컴을 많이 사용한다. 카미노닌자는 처음 앱을 개발한 분이 돌아가셔서 한동안 사용할 수 없었다가 최근에 앱을 다시 사용할 수 있게 되었다. 카미노 앱엔 코스 지도, 고도표, 각 루트의 거리, 특이 사항, 알베르게 정보 등 순례 여행에 필요한 많은 정보가 담겨있다. 카미노에서 꼭 필요한 필수 정보들이다.

산티아고 순례길은 화살표 등 길 안내 표식이 제법 잘 되어 있다. 대부분 화살표를 따라가도 되지만, 간혹 어디로 가야 하는지 헷갈릴 때가 있다. 이럴 때 앱이 유용하다. 목적지 마을까지 얼마나 남았는지 궁금하면 현재 자신의 위치를 체크할 수 있어서 편리하다. 앱 하나 정도는 능숙하게 사용할 수 있도록 출발 전 학습하고 떠나는 것이 좋다. '파트 3 알아두면 쓸모 많은 알쓸 팁'에서 부엔 카미노 사용법에 관해 자세하게 설명하도록 하겠다.

교통 관련 앱 알아보기

❶ 오미오Omio 유럽의 전체 교통수단을 예약할 수 있는 앱이다. 순례 여행 전 또는 카미노를 마치고 유럽 현지 여행할 때 교통편을 예약하기 편리하다.

❷ SNCFSNCF Connect 프랑스 기차 예매 앱이다. 파리에서 생장까지 가는 기차 편을 예약할 때 유용하다.

❸ 렌페Renfe 스페인 기차 예매 앱이다. 카미노의 목적지인 산티아고 데 콤포스텔라에서 기차를 이용해 스페인의 다른 도시로 이동할 때 유용한 앱이다.

❹ 알사Alsa 스페인 버스 예매 앱이다.

❺ 플릭스 버스Flix Bus 유럽 버스 예매 앱이다. 플릭스는 유럽 35개국에서 버스를 운행하는 회사이다.

❻ 우버Uber 프랑스와 스페인에서 택시를 이용할 때 사용하기 편리하다.

숙박 예약과 기타 앱

❶ 부킹닷컴Booking. com 알베르게를 예약할 때 사용한다. 예약이 안 되는 곳도 간혹 있는데, 이럴 땐 전화나 왓츠앱, 이메일로 하면 된다.

❷ 에어비앤비Airbnb 순례 전후 유럽 현지에서 호텔보다 에어비엔비에 묵고 싶을 때 필요하다.

❸ 왓츠앱WhatsApp 우리의 카카오톡 같은 메시지 앱이다. 순례자끼리 교류하고 소통할 때 유용하다. 알베르게를 예약할 때도 사용한다.

❹ 트래블 월렛Travel Wallet 트래블 카드 사용 앱이다. 전 세계 46개 통화로 지원된다. 필요한 만큼 그때그때 앱으로 충전해서 신용카드처럼 쓸 수 있지만, 해외 결제 수수료가 없어서 이득이다. ATM기에서 현금을 인출할 수도 있다. 앱에서 계정 가입 후 실물 카드를 신청하면 일주일 내외로 카드를 받아볼 수 있다.

❺ 트라비 포켓Trabeepocket 여행 경비를 기록하는 가계부 앱이다.

❻ 구글맵, 구글 번역기, 파파고 번역기

01 | 알베르게 선택 노하우와 예약 방법

앞에서 얘기했지만, 여행자는 대부분 순례자 숙소인 알베르게에 머문다. 간혹 시설이 더 좋은 호텔에 머무는 사람도 있지만 이런 예는 많지 않다. 순례 여행을 잘 마치려면 무엇보다 잠자리가 중요하다. 이 글에서는 주로 민간이나 개인이 운영하는 사립 알베르게를 선택하는 노하우와 예약 방법을 소개한다.

알베르게는 크게 공립과 사립으로 나눌 수 있다. 공립의 장점은 사립 알베르게보다 숙박비가 비교적 저렴하다는 점이다. 하지만 공립 알베르게는 대부분 예약이 불가능하다. 도착하는 순서대로 숙소를 배정해 준다. 따라서 그날 목적지에 늦게 도착하면 잠자리를 구하지 못할 수도 있다. 성수기라면 그럴 가능성이 더 높다.

성수기엔 사립 알베르게더라도 숙소를 구하는 게 쉽지 않다. 평이 좋은 알베르게는 빨리 만실이 된다. 일찍 도착하면 좋지만, 그렇지 않을 때를 대비해야 하므로 가능하면 사전에 예약하고 출발하는 게 좋다. 알베르게를 선택하는 방법을 순서대로 소개하면 다음과 같다.

알베르게 잘 선택하는 방법

❶ 산티아고 순례길 필수 앱 중에 부엔카미노Buen Camino가 있다. 이 앱은 숙소뿐 아니라 루트 지도, 거리, 소요 시간 등 다양한 순례 정보를 제공한다. 그리고 그론세닷컴Gronze.com이라는 앱도 있다. 이 두 가지가 카미노를 안내하는 대표적인 앱이다. 이 앱을 휴대전화에 깔아두고 알베르게를 검색한다. 시설, 가격, 위치 등 알베르게 정보를 살펴보고 평점이 높은 곳을 선택한다. 공립은 대부분 선착순으로 방 또는 침대를 배정하므로 사립 알베르게 중심으로 살펴본다.

❷ 평점이 좋되 카미노 루트에서 벗어나지 않은 알베르게를 선택한다. 루트에서 많이 벗어나면 힘들다. 다음날 출발할 때도 다시 루트를 찾아 돌아와야 하기 때문이다.

❸ 사립은 알베르게마다 숙박비와 시설 수준이 비교적 차이가 크게 나는 편이다. 2인실, 다인실 등 객실 타입도 다양하게 운영한다. 룸 형태에 따라 가격도 다르다. 가격, 룸 타입을 살펴보고 최적의 룸을 선택한다.

❹ 사립 알베르게는 1층에 식당을 운영하는 경우가 많다. 이럴 땐 주방에서 조리하는 것을 금지하기도 한다. 음식을 조리할 계획이라면 조리 가능 여부를 미리 알아두자.

❺ 앱에서 제공하는 정보(가격, 사용 가능 시설, 운영 여부 등)가 변경될 때도 있다. 중요한 것은 확인한 후 예약한다.

❻ 묵고 싶은 알베르게를 정했다면 부킹닷컴 앱을 다운받아 놓는다. 예약할 때 유용한 앱이다.

알베르게 예약 방법

❶ 부킹닷컴은 예약하기 편리하다. 단, 종종 예약이 안 되는 알베르게도 있다. 가격도 알베르게에서 직접 결제할 때와 금액 차이가 나는 경우도 있다.

❷ 따라서 외국어, 특히 스페인어가 가능하면 알베르게에 전화해서 직접 예약하는 게 제일 좋다.

❸ 알베르게 홈페이지나 이메일 주소로 예약이 가능하면 이곳으로 예약해도 된다. 단점은 답변이 늦는 경우가 많다는 것이다. 2~3일 정도 전에 예약하는 것이 좋다.

❹ 전화번호 중에서 +34 6**으로 시작하는 번호는 대부분 휴대전화이다. 이때는 왓츠앱으로 예약 메시지를 보내 예약하면 된다.

❺ 부엔까미노 앱의 알베르게 목록을 보고 예약할 수 있다. 전화, 메일, 왓츠앱, 부킹닷컴 등 예약 가능한 방법을 표기해 놓았으므로, 편리하게 사용할 수 있다.

❻ 예약할 때는 명확하게 핵심 내용만 전달한다. 예약자 이름, 예약 인원, 숙박 일자, 금액을 문의한 후 예약하면 된다. 통화 내용을 녹음해 두면 만약을 대비할 수 있어서 좋다.

❼ 알베르게는 대부분 오후 2시까지 도착하기를 희망한다. 만약 그게 어려우면 메시지나 전화로 도착 예정 시간을 통보해 주어야 예약 취소를 막을 수 있다.

꼭 지켜야 할 알베르게 에티켓

❶ 매트리스 위에 배낭을 놓지 않는다. 외부의 베드버그를 옮길 수 있기 때문이다. 등산화와 스틱도 입실 전 지정된 장소에 두고 방으로 들어간다.

❷ 방안에서는 큰 소리로 떠들지 않고 음식물을 섭취하지 않는다.

❸ 배정받은 침대가 아래 침대일 경우 상단 양끝을 끈으로 묶어 수건이나 재킷으로 커튼을

만들면 외부 불빛과 시선이 차단되는 공간을 만들 수 있다.

❹ 아침 일찍 출발할 때는 취침 전 배낭을 꾸려둔다. 새벽에 일어나 휴대전화 불빛으로 짐을 챙겨 조용히 밖으로 나온다. 취침 중인 순례자들을 배려해야 한다.

❺ 주방은 장시간 혼자 독차지하지 않는다. 앞선 순례자들이 남기고 간 식자재 중 필요한 것은 사용하고, 남은 것은 다음 순례자들을 위해 배려한다. 사용 후 뒷정리를 깨끗이 한다.

❻ 사용한 매트리스 시트와 쓰레기는 정해진 곳에 버린다. 침대 주변을 정리한 후 두고 나오는 물건이 없는지 확인하고 출발한다. 물건을 두고 출발하여 낭패를 경험하는 예가 제법 흔하다. 반드시 출발 전 두고 나온 물건이 없는지 체크하는 습관을 지켜야 한다.

One More **각종 교통편 예약 사이트와 앱 안내**

기차
① SNCF
프랑스 TGV 기차를 예약하는 앱과 사이트이다. 2~3개월 전부터 예약할 수 있다. 예약한 QR코드를 다운 받거나 캡처해 두면 사용할 때 편리하다.
≡ https://www.sncf-connect.com/en-en/tgv

② Renfe
스페인 기차 예약 앱과 사이트이다.
≡ https://www.renfe.com/es/es
≡ https://spainrail.com/ko(스페인 렌페 한국 대리점)

버스
① FLIX 버스
유럽을 이동하는 버스이다. 35개 나라에서 버스를 운행한다. 가격이 상대적으로 저렴한 편이다.
≡ https://global.flixbus.com/

② ALSA
스페인 버스 회사이다. 스페인 전 지역을 운행한다.
≡ https://www.alsa.com/

③ Blablacar
유럽을 이동하는 버스와 카풀 예약 사이트이다.
≡ https://www.blablacar.fr/

기타
① omio
유럽의 기차, 버스, 항공권 예약 앱과 사이트이다. 앱 다운받아서 사용하면 편리하다.
≡ https://www.omio.co.kr/

② 우버 Uber Taxi
프랑스와 스페인에서 택시나 차량을 이용할 때 유용하다. 구글 플레이에서 다운받으면 된다.

02 | 순례길 가이드 앱 '부엔카미노' 사용 방법

산티아고 순례길에서 유용하게 사용하는 앱이 여럿이다. 그중 부엔카미노, 그론세닷컴, 카미노닌자 등이 대표적인 앱이다. 가이드 앱은 아니지만 구글맵도 자주 사용한다. 여기에서는 가장 많이 사용하는 부엔카미노의 사용법을 알아보자.

부엔카미노 앱 사용 방법은 다음과 같다.

❶ 구글 플레이 스토어에서 Buen Camino 앱을 다운받는다. 요즘은 한국어가 지원되어 편리하게 사용할 수 있다.
❷ 앱을 다운로드할 때 언어는 한국어 가이드를 선택한다. '내 루트 다운로드 하기'는 프랑스 순례길 루트 가이드를 선택하고 실행한다.
❸ 메뉴에서 콘텐츠 다운로드 하기를 클릭해서 내려받는다. 순례길 루트의 지도와 이미지를 다운로드하면 인터넷을 연결하지 않아도 사용할 수 있다.
❹ 각 메뉴는 다음의 내용을 담고 있다.

- 지원 및 도움말(General Info) 카미노에 대한 기본 설명
- 상세 루트(Futher Information) 루트별 안내. 출발 전에 읽어 두면 유익
- 지역 목록(Index of Localities) 마을의 알베르게와 마을 명소 소개
- 경로 프로필(Route Profile) 루트별 고도 변화 안내
- 경로 지도(Map of the Route) 루트 지도와 나의 위치, 알베르게 등 주요 시설물 위치 표시. 가장 많이 사용
- 일정 계획하기(Plan Your Daily Stages) 나의 일정을 계획하거나 기록할 수 있음.
- 순례자 가이드(Pilgrim's Guide) 안토니오 디노스 페르난데스의 <복음과 함께 산티아고를 걷기>에 실린 내용 중 매일 글 하나를 읽고 명상하면서 걸을 수 있다. 필자도 하루에 하나의 화두를 가지고 사색하면서 걸었다. 순례길을 삶을 변화시킬 수 있는 특별한 여정으로 만들 수 있다.

❺ 앱에서 마을마다 알베르게의 현황을 알 수 있다. 각 알베르게의 평가와 시설 유무 등을 파악한 후 사용할 곳을 결정한다. 각 알베르게를 예약하는 방법(전화, 이메일, 왓츠앱, 부킹닷컴 등)이 나와 있으므로 이 정보를 활용하여 예약하면 된다. 이메일이나 홈페이지로 예약해야 할 때는 2~3일 전 하는 것이 좋다. 모든 알베르게 주인이 이메일이나 홈페이지를 매일 확인하지 않기 때문이다. 가능한 전화와 왓츠앱, 부킹닷컴 예약을 추천한다.
❻ 알베르게 기호 중 집안의 글자는 숙소의 타입을 뜻한다. A는 알베르게, P는 펜션 또는 호스텔, H는 호텔을 뜻한다.

앱의 정보는 계속 변하거나 업데이트된다. 출발 전까지 각 메뉴를 클릭하여 내용을 숙지하고 사용법이 익숙해지면 더욱 편리한 카미노가 될 수 있다. 혹시 원하는 정보가 없을 때는 알베르게에 직접 확인하는 것이 좋다.

03 | 왓츠앱 사용 방법

왓츠앱은 우리나라의 카카오톡처럼 전 세계 사람들이 사용하는 메시지 서비스이다. 무료 통화도 가능하고, 사진도 보낼 수 있다. 순례자, 알베르게, 배낭 이동 서비스 업체 등과 소통할 때 꼭 필요한 앱이다.

왓츠앱은 세계인과 소통할 수 있는 가장 보편적인 메시지 앱이다. 카미노에서 만난 순례자들과 친해지면 대개 왓츠앱에 친구 추가를 하고 소통을 이어간다. 같이 찍은 사진도 왓츠앱으로 주고받는다. 알베르게를 예약할 때 왓츠앱을 사용하기도 하고, 배낭 이동 서비스를 신청할 때도 왓츠앱으로 소통한다. 전화번호에 +34 6***은 스페인의 휴대전화 번호를 뜻하므로 왓츠앱에 등록하여 사용할 수 있다. 왓츠앱 사용법은 다음과 같다.

❶ 먼저 구글 플레이 스토어에서 WhatsApp을 다운로드한 후 접속한다. 언어는 한국어로 선택한다.
❷ 동의와 허용을 계속 클릭하여 진행한 뒤 자신의 휴대전화와 이름을 등록한다.
❸ 연락처와 미디어 연결을 계속 클릭하면 주소록에 있는 지인의 왓츠앱 사용 유무를 알 수 있다.
❹ 순례 여행을 떠나기 전에 왓츠앱을 사용하는 지인들과 메시지를 주고받으면서 사용법을 익혀두면 현지에서 편리하게 사용할 수 있다.

❺ 내가 보낸 메시지 박스에 2개의 클릭 아이콘이 있는데 파란색으로 변하면 상대방이 나의 문자를 보았다는 것을 의미한다.
❻ +34 9***은 스페인의 일반전화 번호이다. 왓츠앱으로는 메시지를 보낼 수 없다.
❼ 알베르게를 예약할 때, 영문으로 문자를 보냈는데 상대방이 문자를 보고도 답변이 없을 때가 있나. 이때는 스페인어로 번역하여 다시 보낸다. 가끔 알베르게 수인이 영어를 몰라 답변하지 않는 경우가 있기 때문이다. 스페인어 번역은 파파고나 구글 번역기를 활용하면 된다.

04 | 아플 땐 배낭 이동 서비스를!

산티아고 순례길은 건강한 사람도 걷지만, 그렇지 않은 사람도 제법 많이 걷는다. 건강하지만 순례길에서 다치거나 감기나 몸살에 걸릴 수도 있다. 이럴 땐 배낭 이동 서비스를 이용하면 편리하다. 다음 목적지까지 순례자를 대신해 배낭을 옮겨주는 서비스이다.

> I am jun jaewook. I want to transport my backpack tomorrow moning(03 june 2023)
> from: albergue Leo(Villafranca del Bierzo)
> To: Albergue de peregrinos de O Cebreiro
> Are you ok ? How much?
> PM 10:42
>
> Ok gracias PM 11:07
>
> I heard i can find my backpack to O cebreiro hotel Lobby. Right?
> PM 11:08
>
> Si PM 11:10
>
> Ok gracias PM 11:10
>
> 😊 메시지

배낭 이동 서비스는 아침에 알베르게의 지정된 장소에 배낭을 두고 떠나면, 내가 요청한 다음 목적지의 알베르게로 배낭을 배송해 주는 서비스이다. 우리나라에서는 동키 서비스라고 한다. 옛날 당나귀가 짐을 싣고 가는 것에서 유래한 듯한데, 사실은 우리나라에서만 사용하는 콩글리시이다. transport service 또는 transport mochila라고 해야 알아듣는다. 서비스를 이동하는 방법은 다음과 같다.

❶ 알베르게 카운터에서 배낭 이동 서비스 업체NCS, JACOS의 봉투를 찾을 수 있다. 없으면 알베르게 주인에게 물어보면 된다. 한 업체를 선택해 계속 사용하는 게 편리하다.

❷ 봉투 앞면에 배낭이 도착해야 할 알베르게 이름 등 빈칸을 채우고, 봉투에 적힌 금액을 넣어 둔다. 다음 날 봉투를 배낭에 묶은 뒤 지정된 장소에 배낭을 놓아두고 떠난다.

❸ 왓츠앱으로 봉투에 적힌 전화번호로 연락해 서비스 신청을

하고 메신저로 답변을 받는다. 확답을 받지 않으면 업체가 알베르게에 들르지 않을 수 있으므로, 확답을 받는 게 중요하다. 반드시 업체에 메신저나 전화로 확답을 받거나, 알베르게 주인에게 신청을 요청해야 한다. 다만, 본인이 신청하는 걸 원칙으로 삼는다.

❹ 왓츠앱으로 전달할 내용은 날짜, 이름과 휴대전화 번호, 현재 마을과 알베르게, 이동할 마을과 알베르게를 적은 다음 배낭 이동 서비스 가능한지 묻는다. 영어로 적으면 된다

배낭 이동 서비스 신청 예시

I want to transport my backpack

-Date : may 5th

-From : ooo albergue in 마을 이름

-To : ooo albergue in 마을 이름

-Name : OOO

Are you OK? How much?

---

❺ 확답을 받으면, 다음 날 아침 8시 전까지 알베르게의 지정된 곳에 배낭을 놓아두고 떠나면 된다. 배낭과 송장신청 내용을 적고, 이용료를 넣은 봉투 사진을 찍어둔다. 분실 사고에 대비하기 위함이다.

❻ 요금은 평균 6유로 내외이다. 생장에서 론세스바예스는 8유로로, 그 이후 마을은 6유로로, 사리아부터는 5유로 정도이다. 다만, 해가 바뀌면 요금이 오를 수 있다.

❼ 배낭을 놓아두거나 찾는 장소가 알베르게마다 다를 수 있다. 론세스바예스엔 배낭 보관 창고가 따로 있다. 봉사자에게 물어보면 입구 창고로 안내하여 배낭을 찾아준다. 다음날에도 배낭 이동 서비스를 신청했다면 봉사자의 안내를 받아 이곳 창고에 배낭을 맡기면 된다.

❽ 부르고스나 오세브레이로 등 공립 알베르게는 배낭을 찾거나 놓아두는 곳이 알베르게 인근에 있는 바bar이다. 배낭 이동 서비스를 이용할 예정이라면 알베르게 주인에게 배낭을 어디에 두어야 하는지 미리 꼭 확인하도록 하자.

05 | 첫날 론세스바예스까지 완주하는 게 부담스럽다면

산티아고 순례길엔 첫날부터 난코스가 기다리고 있다. 피레네산맥을 넘어야 하기 때문이다. 고도 약 1,400m까지 올라가야 한다, 거리도 만만치 않아서 목적지인 론세스바예스까지 약 25km를 걸어야 한다. 처음부터 무리하고 싶지 않은 사람을 위해 조금 쉽게 가는 방법을 소개한다.

① 이틀에 나누어 가는 방법
첫날은 생장에서 오리손까지 가고, 다음날 오리손에서 론세스바예스까지 가는 방법이다. 오리손은 피레네산맥 중턱에 있는 프랑스 땅이다. 생장에서 약 8km 떨어져 있다. 숙박하려면 보르다 알베르게 또는 오리손 산장을 예약해야 한다. 이 두 곳은 숙박 가능 인원이 많지 않은데 선호도는 높아서 일찍 예약해야 한다. 둘째 날은 론세스바예스의 알베르게를 예약하면 된다.

≡ **보르다 알베르게** https://www.aubergeborda.com/
≡ **오리손 산장** https://www.refuge-orisson.com/en

② 오리손까지 자동차를 이용하는 방법
두 번째는 오리손까지는 차량으로 이동하고 여기에서 도보 순례를 시작하는 방법이다. 생장의 순례자 사무실 옆에 있는 배낭 이동 서비스 사무실에서 다음 날 아침 8시 30분쯤 출발하는 차를 예약하면 오리손까지 이동할 수 있다. 배낭을 론세스바예스 알베르게까지 이동해주는 서비스도 이곳에서 함께 신청할 수 있다. 비용이 발생하지만, 체력 부담을 많이 줄일 수 있다. 차량 이동 서비스는 메일이나 전화로 예약할 수 있다. 더 자세한 내용은 홈페이지를 참고하자.

≡ **차량 이동 서비스** https://www.expressbourricot.com/luggage-transport/

③ 배낭 이동 서비스를 이용하는 방법
세 번째로 배낭 이동 서비스를 이용하는 방법이 있다. 배낭을 론세스바예스 알베르게까지 차로 보내는 방법이다. 차량 이동 서비스를 신청하는 사무실이나 알베르게에 문의하여 신청하면 된다. 차량 이동 서비스에 배낭 이동 서비스까지 신청하면 부담을 훨씬 줄일 수 있다. 각각 8유로 정도 비용이 발생한다.

06 | 등산 스틱 효과 극대화 방법

카미노를 걷다 보면 등산 스틱을 사용하지 않는 순례자가 의외로 많다. 대개는 사용법을 잘 모르거나 귀찮아서 그런다고 한다. 그러나 등산 스틱을 잘 활용하면 체력을 아끼고 무릎을 보호하는 데 많은 도움이 된다. 여기에서는 등산 스틱을 효과적으로 사용하는 방법을 소개한다.

등산 스틱은 무릎이 약하거나 걷기에 자신이 없는 사람에게 특히 효과적이다. 스틱을 사용하는 까닭은 힘을 분산하고 체력을 아끼고 무릎에 부담을 덜기 위해서이다. 따라서 비싼 스틱을 고르는 것보다 올바르게 사용하는 법을 숙지하는 게 더 중요하다. 스틱을 사용해야 하는 또 다른 이유가 있다. 간혹 순례길에서 큰 개를 만나게 된다. 흔하지는 않지만, 짐승을 만날 수도 있다. 등산 스틱이 있으면 몸을 보호할 수 있거니와, 무엇보다 심리적 안정감을 얻는 데에도 도움이 된다. 순례 여행을 떠나기 전에 스틱의 구조와 사용법을 충분히 익히고 떠나자.

올바른 등산 스틱 사용법

❶ 스틱의 길이는 팔꿈치가 90도로 접힐 정도에 맞춘다.

❷ 스틱의 스트랩고정용 끈은 아래쪽에서 위쪽으로 손을 넣어 스트랩과 스틱 손잡이를 잡는다.

❸ 스틱의 촉을 보호하는 마개를 뺀다. 마개를 빼고 뾰족한 촉이 땅에 정확하게 찍혀서 고정되어야 몸에 가해지는 힘을 분산해 줄 수 있다.

❹ 평지에서는 어깨를 펴고 스틱을 45도 정도의 각도로 잡아 자연스럽게 걷는다. 이때 스틱을 내딛는 발 반대편 발에서 20~30cm 정도 뒤의 땅을 찍어 몸을 앞으로 밀면서 나가게 한다. 스틱이 발보다 앞에 나가면 안 된다. 스키나 썰매를 탈 때를 생각하면 된다. 어깨를 펴고 당당히 걷는다. 익숙해지면 걷는 속도도 빨라지고 피로감도 훨씬 덜해진다.

❺ 오르막에서는 양쪽 스틱으로 발 앞쪽 땅을 찍어야 한다. 이와 동시에 발을 앞으로 내딛고 스틱에 의지하여 몸을 위로 당기듯이 올라가면 된다. 두 다리가 올라가면 다시 스틱을 앞으로 이동시켜 동일한 행동을 반복하며 올라간다. 오르막을 훨씬 쉽게 올라갈 수 있다.

❻ 내리막길에서는 양쪽 스틱을 발 앞쪽 땅에 찍고 체중을 살짝 앞쪽으로 기대면서 내려간다. 이렇게 하면 다리와 무릎에 집중되는 체중을 분산할 수 있고, 더불어 몸의 균형을 잘 유지하면서 안전하게 내려올 수 있다.

❼ 마을에 접어들면 스틱 사용을 삼간다. 스틱 소리가 개를 짖게 할 수도 있고, 이른 새벽에는 마을 사람들 잠을 방해할 수도 있다. 마을에서는 스틱을 들고 다니도록 하자.

❽ 알베르게에 도착하면 스틱 보관 통에 두거나, 접어서 스틱 파우치에 담아 배낭과 함께 둔다.

07 | 슬기로운 물집 대처 요령

오랜 시간 카미노를 걷다 보면 발에 물집이 생기기 쉽다. 사전에 생기지 않게 하는 게 가장 좋은 대책이지만, 물집이 생긴 후 대처법도 무척 중요하다. 여기에서는 물집 방지법과 사후 대처법에 대해 알아본다.

물집이 생기는 주요 원인으로는 높은 온도, 마찰, 땀을 꼽을 수 있다. 마찰을 줄여주고, 땀을 자주 말리고, 온도를 낮추어 주면, 물집을 예방할 수 있다. 물집이 생기면 더 확대되지 않도록 세심하게 관리해야 한다. 물집이 커지면 걷는데 힘들 뿐만 아니라 여간 신경 쓰이는 게 아니다. 빨리 굳은살이 되도록 사후 관리를 잘해야한다. 특히 당뇨병이 있는 사람이라면 감염에 각별히 주의해야 한다. 물집 방지 요령과 사후 대처 방법은 다음과 같다.

❶ 양말은 꼭 등산용을 신는다. 얇은 발가락 양말을 신은 후에 등산용 울 양말을 신는다. 발가락 양말을 신으면 다섯 발가락이 분리되어 마찰을 줄일 수 있다. 울 양말은 땀을 빠르게 흡수하고 잘 마른다. 가격이 비싸지만, 그래도 물집 방지를 위해 양말에는 투자할 것을 추천한다.

❷ 물집이 생길까 걱정이라면, 혹은 물집이 잘 생기는 타입이라면, 양말을 신기 전에 바셀린을 미리 발라주는 것도 좋은 방법이다.

❸ 걷다 보면 신발 안의 온도가 올라가 발이 화끈거린다. 중간중간 휴식 시간에 신발과 양말을 벗어 햇빛에 말리고 온도도 낮춰준다. 이 두 가지만 자주 해도 물집 예방에 많은 도움이 된다. 또 이렇게 해야 물집이 생겼어도 빨리 굳은살로 만들 수 있다.

❹ 알베르게에 도착하면 신발을 벗어 햇빛에 말린다. 신발장에 신문지가 있는 곳이 많다. 신발 안에 신문지를 넣어 신발 안을 건조해 주는 것도 좋은 방법이다.

❺ 배낭 무게를 최대한 가볍게 하거나 스틱을 사용하여 발에 걸리는 하중을 낮추어 준다.

❻ 물집이 생기면 바늘에 실을 꿰어 물집의 물을 제거한다. 물집의 껍질이 바닥에 붙을 때까지 물을 최대한 없애야 한다. 절대 껍질은 뜯지 말고 말라서 군살이 생기거나 자연적으로 떨어질 때까지 놓아둔다.

❼ 소독제와 항생제 연고를 바르고 밴드를 부쳐준다.

❽ 다음 날 아침 출발 전에 물집 부위가 움직이지 않도록 3M 종이 반창고를 감아주면 한결 편하게 걸을 수 있다.

❾ 항생제연고, 3M 종이 반창고, 물집 방지 테이프, 소염제 등 비상 약품을 소량 준비하면 편리하다. 현지 약국에서도 대부분 구할 수 있다.

❿ 발톱을 자주 깎으면 발톱이 빠지는 것을 예방할 수 있다.

08 | 베드버그 대처법

베드버그는 빈대과에 속하는 야행성 곤충이다. 주로 온혈동물의 피를 빨아먹고 산다. 순례길에서 가장 걱정스러운 일 중 하나가 '베드버그에 물리지 않을까?' 하는 두려움이다. 베드버그 대처법에 관해 알아보자.

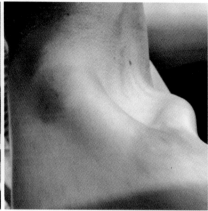

필자의 경험에 의하면 같은 방에서 잠을 잤는데도 베드버그에 물린 사람이 있는가 하면 그렇지 않은 사람도 있었다. 이 말은 조심해도 어찌할 수 없다는 '복불복'의 의미도 있지만, 같은 공간에서도 베드버그를 사전에 대처하고 하지 않고의 차이도 존재한다는 뜻이다. 베드버그 회피법과 사후 대처 방법은 다음과 같다.

❶ 알베르게 예약 단계에서도 베드버그 리스크 관리를 하는 게 좋다. 최근에 베드버그에 물렸다는 리뷰가 있는 알베르게는 가능하면 피해서 예약한다.

❷ 낡고 오래되고 창문이 작아서 습할 것 같은 알베르게도 피하는 것이 좋다.

❸ 알베르게에 도착하면 매트리스부터 살핀다. 베드버그가 있는지, 벽 등에 핏자국이 있는지 확인한다.

❹ 잘 때는 반드시 침대에 1회용 매트리스 시트를 깔고 잔다. 필자의 경험으로는 나무침대보다는 철제침대가, 1층보다 2층 베드가 조금 더 안전하다.

❺ 배낭은 절대 침대 위에 놓지 않는다.

❻ 계피 향 스프레이, 버그 퇴치제 등을 뿌리기도 하지만 큰 효과를 기대하기 어렵다.

❼ 만약 버그에 물렸다면 약국에 가서 물린 곳을 보여주고 바르는 약Fenistil 1mg과 먹는 약Cetirizina Mylan 10mg을 구매해서 바르고 복용한다. 베드버그는 한 번에 여러 군데를 물어 붉은 점이 올라온다. 가려워도 약을 바르고 참아야 한다. 그래야 빨리 낫는다. 음주는 금물이다.

❽ 배낭과 옷가지 등은 모두 외부에서 탈탈 털고 햇빛에 말린다. 만약 불안하다면 배낭과 옷가지를 모두 세탁한다. 베드버그는 열에 약하다. 배낭과 옷가지는 건조기에 말린다.

09 | 한국식 식사를 위해 꼭 필요한 소스 몇 가지

알베르게 중에선 주방 사용이 가능한 곳이 있다. 이럴 땐 간단한 한국 음식을 조리해 먹을 수 있다. 배낭 무게에 부담을 주지 않으면서 한국 음식이 그리울 때 요긴하게 사용할 수 있는 소스 몇 가지를 소개한다. 외국인 친구들과 나누어 먹으면 좋은 추억이 될 것이다.

한국 음식의 위상이 높아지고, 카미노를 찾는 한국인도 많아지면서 요즘엔 순례길 마을에 한국 라면과 고추장 등 한국 음식을 판매하는 식료품점과 슈퍼마켓 등이 많이 생겼다. 따라서 한국에서부터 음식 재료를 욕심내어 많이 가지고 갈 필요가 없다. 큰 마을에는 스시나 아시아 요리를 판매하는 식당도 있다. 한국 음식에 대한 갈증을 어느 정도 해결할 수 있다. 요즘엔 외국 순례자들도 한국 음식에 대한 관심이 많다. 알베르게 주방에서 외국인 친구들과 재미있는 추억을 만들 때 유용하게 사용할 수 있을 정도만 간단히 준비하자. 앞에서 강조했지만, 성공적인 순례를 위해서 가장 중요한 건 배낭 무게를 줄이는 것이다.

❶ 라면수프 봉지라면의 수프를 준비한다. 식료품점이나 슈퍼마켓에 우리나라 라면이 없더라도 다른 나라 라면을 구매하여 수프만 바꾸어 넣으면 순례길에서 한국 라면 맛을 즐길 수 있다. 식료품점과 슈퍼마켓에선 즉석 밥도 판매한다. 전자레인지에 데워 라면과 함께 먹으면 아쉬운 대로 한국식 식사를 할 수 있다.
❷ 낱개 포장된 비빔장 라면이나 스파게티 면을 끓여 비빔장에 비벼 먹을 수 있다. 삼겹살을 구워 함께 먹으면 정말 맛있다. 외국인들도 매우 좋아한다.
❸ 건조 된장국 한국의 슈퍼나 할인점에 가면 1인분씩 낱개로 포장한 건조 된장국을 판매한다. 무게도 가벼워 걱정할 필요 없다. 몇 개 준비해 가면 즉석밥과 함께 요긴하게 한 끼를 해결할 수 있다.

알베르게에서 밥을 지을 수 있다면, 순례길의 슈퍼로 가자. 1kg 단위로 포장한 스페인 쌀을 구매할 수 있다. 한 국 쌀과 비슷한 아로스 레돈도Arroz Redondo를 추천한다. Arroz는 쌀이라는 뜻이고, Redondo는 둥글다는 뜻이다. 대부분 포장에 사진과 함께 적혀있다.

10 음식 주문하는 방법과 식당 고르는 법

순례 여행 중에 가장 많이 들르는 곳이 음식점이다. 아침과 저녁은 알베르게에서 먹을 수도 있지만, 대부분 카미노 중간에, 또는 목적지에 도착 후 현지 음식점이나 바에서 먹게 된다. 이글에서는 음식 주문하는 법과 식당 고르는 요령, 주로 먹게 될 스페인 음식에 관해 알아본다.

스페인의 점심시간은 오후 12시~2시 사이이다. 스페인은 낮잠을 자는 시에스타 시간이 있다. 시간은 오후 2~5시 사이이다. 이 시간에는 음식점 대부분이 문을 닫았다가, 저녁 때인 오후 7~8시 30분 사이에 다시 문을 연다. 다만 시에스타 시간에도 바는 문을 여는 곳이 많다. 순례자들은 대부분 카미노 중간에, 또는 목적지에 도착한 후 바에서 점심을 먹는다. 보통 순례자 메뉴와 맥주, 또는 음료를 마신다. 햄버거, 파에야 같은 단품 메뉴를 먹기도 한다.

음식 주문하기

바나 식당에서 메뉴판을 달라고 할 때는 'la carta, por favor' 또는 'menu por favor'라고 하면 된다. 'por favor'는 영어로 please를 뜻하므로, 정중한 요청이라고 이해하면 된다. 식사를 마치고 계산서를 달라고 할 때는 'la cuenta por favor'라고 하거나 손으로 사각형을 그리면서 'bill, por favor'라고 하면 계산서와 카드 리더기를 가져와 테이블에서 계산해 준다. 별도의 팁 문화는 없다.

식당을 고르는 요령

구글맵에서 평점과 리뷰가 좋은 음식점을 고른다. 식당에서 번역기로 메뉴판을 번역해도 메뉴를 선택하기 어려울 때가 있다. 이럴 땐 구글맵에서 식당을 클릭한 다음, 식당 정보에서 메뉴를 클릭하여 사진을 찾는다. 사진을 보면서 주문하면 실패 확률을 줄일 수 있다.

카미노의 바와 식당 중에는 Menu del Dia오늘의 메뉴 또는 Menu del Peregrino순례자 메뉴가 있는 곳이 많다. Primero전식, Segundo메인, Postre디저트로 구성돼 있다. 전식, 메인 음식, 디저트를 한 가지씩 선택하면 된다. 메뉴 가격은 15~20유로 정도로 가성비가 좋다.

대표적인 스페인 음식 가이드

타파스 Tapas(핀초 Pincho)

식사 전에 술과 함께 간단히 먹는 전채 요리를 뜻한다. 작은 접시에 나오는 한 입 거리 음식으로 술안주나 간식으로 먹는 스페인 대표 음식이다. 이와 비슷한 요리로 '핀초'가 있는데 꼬치 음식을 뜻한다. 빵조각을 밑에 깔고 다양한 음식을 올려 꼬치에 꽂아 작은 접시에 담아 먹는 바스크 지방의 대표 음식이다. 간식이나 술안주로 먹는다. 카미노 8일 차 전후에 만나게 되는 소도시 로그로뇨Logrono에 유명한 타파스 거리가 있다.

보카디요 Bocadillo

보카디요는 스페인식 샌드위치이다. 바게트를 갈라 안에 하몽이나 치즈 등을 넣어 만든다. 아침, 점심에 바에서 음료와 함께 많이 먹는다.

토르티야 Tortilla

토르티야는 감자와 달걀을 팬에서 노릇하게 익힌 스페인식 오믈렛이다. 계란찜과 비슷하다. 아침이나 간식으로 즐겨 먹는다. 바에서 조각으로 판매한다.

파에야 Paella

발렌시아 지방에서 출발한 음식으로, 쌀로 만든 스페인 대표 음식 중 하나이다. 쌀과 채소, 닭고기, 해산물 등을 넓고 큰 철판 솥에 넣고 끓여 만든다. 우리나라 볶음밥과 비슷하다.

감바스 알리오 Gambas al Ajillo

감바스 올리브에 새우와 마늘을 넣고 끓인 음식이다. 스페인을 대표하는 음식 중 하나이다.

뽈뽀 아 페이라 Pulpo a Feira

문어 요리이다. 삶은 문어에 올리브, 소금, 파프리카 가루를 뿌린 갈리시아 지방의 대표 음식 가운데 하나이다.

11 | 알아두면 쓸모 많은 스페인어

순례 여행은 일반적인 여행보다 하루의 일과가 비교적 단순하다. 하루의 대부분을 길, 알베르게, 음식점, 카페, 바에서 보낸다. 인사말, 숫자, 음식과 안주, 숙소 관련 스페인어만 알아도 큰 불편 없이 지낼 수 있다. 순례길에서 꼭 필요한 단어를 정리한다.

01 인사말

감사합니다. gracias ◀ 그라시아스

대단히 감사합니다. muchas gracias ◀ 무차스 그라시아스

미안합니다. lo siento ◀ 로 시엔또

부탁합니다, ~주세요((please, 부탁할 때) por favor ◀ 뽀르 파보르

실례합니다. perdon ◀ 페르돈

안녕(헤어질 때) chao 차오 또는 adios ◀ 아디오스

안녕하세요. hola ◀ 올라

02 순례길과 알베르게 관련 단어

건조기 secadora ◀ 세까도라

대성당 catedral ◀ 카테드랄

도장 sello ◀ 세요

도장 찍어주세요. sello por favor ◀ 세요 뽀르 파보르

사람 persona ◀ 페르소나

세탁기 lavadora ◀ 라바도라

순례 여권 credencial ◀ 크레덴시알

약국 farmacia ◀ 파르마시아

좋은 길 되세요. buen camino ◀ 부엔 까미노 *순례자들이 나누는 인사말

침대 cama ◀ 까마

화장실, 욕실 baño ◀ 바뇨

화장실이 어디죠? Dónde está el baño? ◀ 돈데 에사따 엘 바뇨?

03 기본 단어

거스름돈 cambio ◀ 깜비오

계산서 cuenta ◀ 꾸엔따

공원 parc ◀ 파르크

공항 aeropuerto ◀ 아에로푸에르또

광장 plaza ◀ 플라사

기차 tren ◀ 뜨렌

메뉴판 menú ◀) 메뉴

박물관 museo ◀) 무세오

버스 autobus ◀) 아우또부스

비행기 avión ◀) 아비온

시장 mercado ◀) 메르까도

오늘 hoy ◀) 오이

요금 tarifa ◀) 따리파

은행 banco ◀) 방꼬

신용카드 tarjeta de crédito ◀) 타르헤타 데크레디또

현금 dinero ◀) 디네로

영수증 recibo ◀) 레씨보

이것 Éste ◀) 에스타

주문하다 orden ◀) 오르덴

추천 recomendación ◀) 레꼬멘다씨온

팁 consejo ◀) 콘쎄호

04 숫자

1 uno ◀) 우노

2 dos ◀) 도스

3 treas ◀) 뜨레스

4 cuatro ◀) 콰트로

5 cinco ◀) 신꼬

6 seis ◀) 세이스

7 siete ◀) 시에떼

8 ocho ◀) 오초

9 nueve ◀) 누에베

10 diez ◀) 디에스

20 veinte ◀) 베인테

30 treinta ◀) 뜨레인따

40 cuarenta ◀) 꾸아렌따

50 cincuenta ◀) 씬꾸엔따

60 sensenta ◀) 세쎈따

70 setenta ◀) 세뗀따

80 ochenta ◀) 오첸따

90 noventa ◀) 노벤따

100 cien ◀) 씨엔

05 요일

일요일 domingo ◀) 도밍고

월요일 lunes ◀) 루네스

화요일 martes ◀) 마르떼스

수요일 miércoles ◀) 미에르꼴레스

목요일 jueves ◀) 후에베스

금요일 viernes ◀) 비에르네스

토요일 sábado ◀) 사바도

06 음식 관련 단어

기본 대화

계산서 주세요. La cuenta, por favor. ◀) 라 쿠엔타 뽀르 파보르

맛있어요. -muy rico ◀) 무이 리꼬

메뉴판 좀 주세요. El menú, por favor. ◀) 엘 메누, 뽀르 파보르

생수 주세요. Agua mineral, por favor. ◀) 아구아 미네랄, 뽀르 파보르

얼마인가요? Cuanto vale? ◀ 꾸안또 발레? Cuánto cuesta? ◀ 꾸안또 꾸에스따?

영수증 부탁합니다. La cuenta, por favor. ◀ 라 꾸엔따 뽀르 파보르

영수증 주세요. Recibo por favor. ◀ 레씨보 뽀르 파보르

음료 및 주류

물 Agua ◀ 아구아

레드 와인 Vino Tinto ◀ 비노틴토

화이트 와인 Vino Blanco ◀ 비노 블랑코

맥주 Cerveza ◀ 세르베사 *클라라(Clara)라는 음료도 있다. 맥주에 레몬과 탄산음료 섞은 것이다.

샴페인 cava ◀ 까바

식전주 Sangria ◀ 상그리아 *레드 와인에 과일, 설탕, 얼음 등을 넣은 식욕을 돋아주는 식전주

아메리카노 커피 ◀ Cafe Americano 카페 아메리카노

아이스커피 Cafe con Hielo ◀ 카페 콘 옐로 *정식 아이스커피는 없다. Cafe con Hielo(카페 콘 옐로)라고 하면 뜨거운 커피에 얼음 몇 조각 넣어준다.

에스프레소 Cafe Solo ◀ 카페 솔로

카페라테 Cafe con Leche ◀ 까페 컨 레체

커피 café ◀ 카페

후식 postre ◀ 뽀스트레

스파게티, 샐러드, 수프

스파게티 Espaguetis ◀ 에스파게티스

샐러드 Ensalada Mixta ◀ 엔살라다 미스타

수프 sopa ◀ 소빠

갈리시아 수프 Caldo Gallego ◀ 칼도 가예고(우거짓국과 비슷한 맛이 난다)

렌틸콩 수프 Sopa de Lentejas ◀ 소파 데 렌테하스

마늘 수프 Sopa de Ajo ◀ 소파 데 아호

고기류

스테이크 bife ◀ 비페

감자튀김 papas fritas ◀ 파파스 프리타스

달걀 Huevo ◀ 우에보

닭고기 Pollo ◀ 뽀요

돼지고기 Cerdo ◀ 세르도

소고기 carne de vaca ◀ 까르네 데 바까

송아지고기 ternera ◀ 떼르네라

소시지 Chorizo ◀ 초리소 (순대와 비슷하다)

양고기 carnero ◀ 까르네로

어린 양고기 Cordero ◀ 코르데로

오리고기 pato ◀ 빠또

이베리코 돼지 Iberico ◀ 이베리코

햄버거 hamburguesa ◀ 함부구에사

생선 및 해물류

해산물 mariscos ◀) 마리스코

대구 Bacalao ◀) 바칼로(소금에 절인 대구)

문어 Pulpo ◀) 뿔뽀

새우 Gambas ◀) 감바스

생대구 Merluza ◀) 멜루사

생선 pescado ◀) 뻬스까도

연어 Salmon ◀) 살몬

오징어 Calamares ◀) 칼라마레스

작은 새우 Camaron ◀) 카마론

정어리 sardina ◀) 사르디나

홍합 Mejillones ◀) 메히요네스

과일과 채소

감자 Patata ◀) 파타타

고추 Pimiento ◀) 피미엔토

마늘 Ajo ◀) 아호

무화과 Higo ◀) 이고

바나나 Plátano ◀) 플라타노

배 Pera ◀) 뻬라

복숭아 Melocoton ◀) 멜로코톤

사과 Manzana ◀) 만사나

오렌지 Naranja ◀) 나랑하

채소 verdura ◀) 베르두라

포도 Uvas ◀) 우바스

소스, 기타

매운 picante ◀) 피칸테

짠 salado ◀) 쌀라도

설탕 Azucar ◀) 아푸카르

소금 Sal ◀) 살 *스페인 음식은 대체로 짜다. 덜 짜게 먹고 싶으면 주문할 때 poca sal(뽀까 살, 소금 적게)이라고 말하면 된다. 싱겁게 먹고 싶으면 sin sal(신살, 소금 없이)라고 주문할 때 말하자.

소스 Salsa ◀) 살사

조리법에 따른 명칭

구운 요리 Asado ◀) 아사도

기름에 튀긴 요리 Frito ◀) 프리토

삶거나 찐 요리 Cocida ◀) 꼬시다

PART 4

산티아고 순례길
33코스 안내

01 | 생장-론세스바예스

거리 약 25.7km 소요 시간 8~9시간 난이도 상 풍경 매력도 상

드디어, 순례길이 시작된다. 생장에서 론세스바예스Roncesvalles까지 가는 길은 두 갈래다. 하나는 피레네 루트이고, 다른 하나는 발카로스 루트이다. 나폴레옹 루트라고도 부르는 피레네 루트는 피레네산맥을 정통으로 넘는 길이고, 발카로스 루트는 우회하는 길이다. 나폴레옹 루트는 날이 풀리고 눈이 녹는 4월부터 열린다. 겨울과 3월에는 발카로스 루트로 가야 한다.

상세경로

생장피에드포르
Saint-Jean-Pied-de-Port

론세스바예스 Roncesvalles

도착

5.2km

알토 데 레푀데르
Alto de Lepoeder

12.9km

오리손
Orisson

운토 Huntto

5.2km

출발

2.4km

순례길에서 바라본 피레네산맥 풍경

코스 특징과 유의 사항 맑고 화창한 날, 비가 오고 안개 낀 날에 따라 풍경이 완전히 달라진다. 물과 간식을 충분히 챙겨 출발한다. 티바울트 십자가상Cross of Thibault이 나오면, 포장도로가 아닌 흙길 표시를 보고 잘 따라간다. 레푀데르 정상에선 오른쪽 길을 선택하여 산살바도르 예배당Iglesia de San Salvador de Ibañeta으로 내려가는 걸 추천한다. 경사가 조금 완만하지만 그래도 다치지 않게 조심해야 한다. 무릎 보호대와 스틱 사용을 추천한다.

포토 존과 가볼 만한 곳 프랑스의 국경지대 오리손 산장, 스페인 땅 나바라 지역에 접어들었음을 알리는 국경 비석, 피레네산맥의 레푀데르 정상

<u>고도표</u>

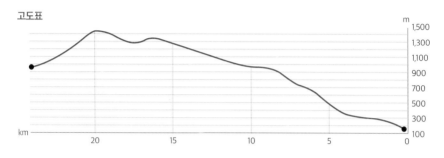

🐚 마침내, 산티아고 순례 첫날이다. 첫째 날은 피레네산맥을 넘어야 한다. 800km 전체 구간 중에서 제일 힘들다. 발카로스 루트와 피레네 루트 중에서 피레네 루트가 조금 더 힘들지만, 겨울이나 초봄이 아니라면 피레네 루트를 추천한다. 약 1,400m까지 올라가야 하는 길이지만 경치가 무척 아름다운 까닭이다. 피레네산맥을 넘는 루트는 나폴레옹 길이라고도 한다. 1808년 나폴레옹이 스페인을 침략할 때 넘은 길이라 이렇게 부른다.

생장의 순례길 사무소를 지나 니브강 다리를 건너 계속 올라가면 스페인 문Puerta de Espana이 나온다. 여기서 직진하면 나폴레옹 길이고, 오른쪽으로 가면 발카로스 방향으로 간다. 나폴레옹 길은 날이 풀리고 눈이 녹는 4월부터 열린다. 겨울이나 3월에 걷는다면 발카로스 루트로 가야 한다. 간혹 4월에도 날씨가 험하면 나폴레옹 길이 닫힌다. 출입 금지 정보는 생장 순례자 사무실에서 알려준다.

나폴레옹 길은 시작점부터 오르막길이 계속 이어진다. 약 1,400m 고도까지 올라간다. 급경사나 계단은 없으나 피레네 루트의 정상인 알토 데 레푀데르Alto de Lepoeder까지 오르막이 약 20km 이어진다. 사실 첫날부터 이처럼 긴 오르막을 걷는 것은 부담스럽다. 등산 스틱과 무릎 보호대를 꼭 착용하도록 하자.

첫날부터 힘을 빼는 게 걱정된다면 오리손Orisson에 있는 알베르게나, 오리손에서 1km 전방에 있는 보르다 알베르게Auberge Borda를 예약하여 첫날을 여기에서 머문 뒤, 이튿날 론세스바예스까지 걷는 방법이 있다. 또 다른 방법은 생장 순례자 사무소 옆에 있는

피레네산맥을 넘는 순례자들

1 생장 출발 지점의 스페인문 2 피레네산맥에 있는 푸드트럭 3 뢰페데르 정상

배낭 이동 서비스 사무실에서 오리손까지 차량 이동 서비스를 예약1인 약 8유로이고, 아침 8시 30분경 약속 장소에서 출발한다.하는 것이다. 생장에서 오리손까지 약 8km를 자동차로 이동한 뒤, 오리손에서 론세스바예스까지는 순례길을 걷는 방법이다. 이렇게 하면 크게 무리하지 않고 하루 만에 론세스바예스까지 갈 수 있다.

오리손에서 약 7km 정도 올라가면 푸드트럭영업하지 않는 날도 있다.이 나온다. 이곳을 제외하고는 론세스바예스에 닿을 때까지 음식과 음료를 구매할 수 있는 곳이 없다. 출발할 때 간단한 간식과 물을 잘 챙겨야 한다.

푸드트럭을 지나 조금만 더 가면 십자가상Cross of Thibault이 나온다. 여기에서 이정표 표식을 보고 오른쪽 길로 간다. 포장도로가 아니라 오른쪽 흙길로 접어들어 론세스바예스로 방향 화살표를 따라가야 한다. 1.5km 정도 더 올라가면 프랑스와 스페인의 국경에 도달한다. 이어서 스페인 나바라 지역에 접어들었다는 비석Camino de Santiago in Navarre을 만나게 된다. 여기서부터 스페인 땅을 걷게 된다.

스페인국경
나바라 지방의
입성을 알리는 비석

스페인 나바라 지역의 국경 비석에서 2km 정도 더 가면 조그만 쉼터IZANDORRE - Aterpea, Refugio. Emergency Shelter가 보인다. 아직 오르막이 끝나지 않았다. 지치기 시작한다. 하지만 조금만 더 힘내면 1,430m의 레뢰데르 정상Alto de Lepoeder에 올라서게 된다. 20km를 포기하지 않고 올라온 당신을 위해 카미노는 첫날부터 특별한 선물을 준비

해 놓고 있다. 첩첩산중, 피레네의 높고 푸른 봉우리들이 파노라마처럼 장엄하게 펼쳐진다. 맑은 날엔 멀리 론세스바예스 계곡까지 보인다. 비가 오거나 안개가 내리면 서정시라도 한 편 쓰고 싶은 만큼 풍경이 더없이 몽환적이다.

지금부턴 내리막길이다. 하산길 정상에서 오른쪽으로 난 길을 추천한다. 왼쪽 길은 빠르게 갈 수 있지만 경사가 급하고 미끄러워 다칠 위험이 있다. 다리가 풀려 첫날부터 급경사에서 부상당할 수 있으므로, 안전하게 오른쪽 길을 선택하자. 오른쪽 길은 산살바도르 예배당Iglesia de San Salvador de Ibañeta으로 내려가는 길이다. 조금 돌아가지만, 경사가 완만해서 걷기 편하다.

내리막길을 3km 정도 내려오면 아비네타 고개에 이른다. 중세 기사단에 얽힌 '롤랑의 전설'이 흐르는 산살바도르 예배당Iglesia de San Salvador de Ibañeta이 보인다. 8세기경의 일이다. 778년 8월 15일, 프랑크왕국의 샤를마뉴 대제747~ 814, 카롤루스 대제는 스페인 북부를 정복하고 프랑스로 돌아가고 있었다. 이때, 론세스바예스 협곡에서 무어인실제는 바스크족이었다. 샤를마뉴의 조카인 롤랑의 죽음을 이교도에 맞선 고귀한 죽음으로 만들기 위해 일부러 무어인으로 각색했다.의 습격을 받는다. 후위 부대를 맡고 있던 기사 롤랑은 샤를마뉴 대제를 지키기 위해 마지막까지 싸웠으나 끝내는 전사하

산살바도르 예배당

피레네산맥 십자가상

Gite Bidean 알베르게

고 만다는 전설이다. 산살바도르 예배당은 그를 기념하는 장소로 알려져 있다. 현재의 예배당은 1964년에 새로 지어졌다. 이곳은 발카로스 루트와 피레네 루트가 만나는 곳이기도 하다.

산살바도르 예배당에서 길이 두 갈래로 갈린다. 하나는 포장도로이고, 또 하나는 흙길이다. 포장도로로 가지 말고 동물이 다니지 못하도록 닫아 놓은 여닫이문을 열고 흙길로 방향을 잡는다. 흙길을 따라 1.5km 정도 더 걸어가면 목적지 론세스바예스에 도착한다.

숙소 안내

Albergue municipal SJPP 일명 55번 공립 알베르게, 55는 주소의 번지수

생장의 순례자 사무소Pilgrim Office SJPP에서 위로 조금만 올라가면 된다. 한국인이 많이 찾는 곳으로 주방이 있어서 편리하다. 시설은 보통이다. 예약은 받지 않고 선착순으로 침대를 배정한다. 오후 2시에 오픈한다. 오픈 전에 도착하면 배낭을 순서대로 정문 옆에 놓아둔다. 가격은 조식 포함 12유로이다.

📍 55 Rue de la Citadelle, 64220 Saint-Jean-Pied-de-Port, 프랑스 📞 +33 617 103 146 ⓘ 시설 수준 중하

Gite Bidean 11번 알베르게. 사립

생장의 순례자 사무소에서 내려와 노트르담 문Porte Notre-Dame을 지나면 있다. 시설은 양호하고 룸 형태가 다양하다. 조식이 제공되며, 주인이 매우 친절하다. 홈페이지와 부킹닷컴에서 예약할 수 있다.

📍 11 Rue d'Espagne, 64220 Saint-Jean-Pied-de-Port,
📞 +33 648 980 522 ⓘ 시설 수준 중
🔗 https://www.gite-bidean-saintjeanpieddeport.fr

Roncesvalles Albergur de Peregrinos
론세스바예스 알베르게 공립

피레네산맥을 넘어 첫 번째로 만나는 알베르게이다. 최대 245명을 수용할 수 있는 큰 알베르게이지만, 성수기에는 홈페이지로 예약하고 출발하길 권한다. 배낭 이동 서비스도 가능하다. 1박 비용은 14유로이다. 저녁13유로과 아침 식사6유로도 예약할 수 있다. 저녁은 마땅히 먹을 곳이 없으므로 숙박과 함께 예약하는 것이 좋다. 아침은 예약 또는 길을 걷다 만나는 바에서 해결할 수 있다.

📍 31650 Roncesvalles, Navarra 스페인 📞 +34 948 760 000
ⓘ 시설 수준 중상 🔗 https://alberguederoncesvalles.com/

02 | 론세스바예스-수비리
거리 약 21.8km 소요 시간 6~7시간 난이도 중 풍경 매력도 중

아침 6시, 숙소에 불이 켜진다. 다시 걸어야 한다. 기대감과 약간의 부담을 안고 몸을 일으킨다. 온몸이 뻐근하다. 근육통도 심하다. 몸이 익숙해지는 데는 1주일 정도 시간이 필요하다. 너무 걱정할 필요는 없다. 스트레칭으로 충분히 몸을 풀고 길을 나서자. 2일 차 코스는 첫날보다 난이도가 덜하다. 초반엔 목초지와 시골길을 걷는다. 후반부엔 힘든 고개를 넘어야 한다.

상세경로

수비리
Zubiri

도착 ── 3.5km ── 에로 고개
Alto de Erro ── 4.5km ── 린소아인
Linzoáin ── 2.0km ── 비스카레타
Bizkarreta ── 4.9km ── 에스피날 Espinal ── 부르게테 Burguete ── 3.9km ── 3.0km ── 출발

론세스바예스
Roncesvalles

카미노의 아침 목장 풍경

코스 특징과 유의 사항 구간 초반에는 들판에서 소들이 풀을 뜯는 목가적인 풍경을 감상할 수 있다. 후반부의 린소아인 마을을 지나면 오르막을 오른다. 2코스에서 가장 힘든 에로 고개 구간이다. 고개 정상의 푸드트럭에서 잠시 휴식을 취하길 권한다. 에로 고개의 내리막은 가파르고 돌이 많고 매우 미끄럽다. 발목을 삐거나 넘어지지 않도록 스틱을 활용하면서 조심히 내려가자. 고개를 내려와 아르가강Rio Arga을 건너면 이윽고 수비리에 도착한다.

포토 존과 가볼 만한 곳 부르게테 마을, 에스피날의 목장 풍경

고도표

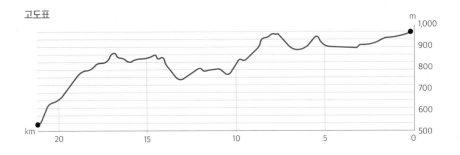

🐚 론세스바예스 성당 앞으로 N-135번 도로가 지나간다. 도로 옆에 숲으로 들어가는 길이 보인다. 3km 남짓 걸으면 첫 마을 부르게테가 나온다. 헤밍웨이가 즐겨 투숙했었다는 호스텔 Hostal Burguete이 마을 입구에 자리하고 있다. 마을 끝자락의 은행Banco Santander을 끼고 오른쪽으로 걸어 마을을 벗어난다. 넓은 목장에서 소들이 풀을 뜯는 풍경을 감상하며 여유롭게 걷는다. 일찍 출발했다면 아침 햇살과 들판에 깔린 자욱한 안개가 어우러진 멋진 풍경을 감상할 수 있다. 숲길을 빠져나오면 두 번째 마을 에스피날Espinal이 나타난다.

론세스바예스를 새벽에 떠나면서

마을을 통과하는 N-135번 도로 바닥의 노란 화살표를 따라 왼쪽으로 마을을 빠져나간다. 잠시 후 좁은 오르막 산길이 시작된다. N-135번 도로를 가로질러 숲길을 걷는다. 작은 소라빌 계곡 Barranco Sorabil이 나타난다. 징검다리로 건너 삼거리에서 왼쪽 길로 올라간다. 비스카레타Bizkarreta 마을을 지난다. 마을 초입의 바Bar Dena Ona를 지나 N-135번 도로를 건너 마을을 빠져나온다. 숲길을 걷는다. 다시 N-135번 도로를 한 번 더 건너 숲길을 한참 걸으면 이윽고 린소아인Linzoáin 마을이 반겨준다.

린소아인이 보이는 풍경

에스피날 마을 모습

린소아인 마을을 지나면 오르막의 숲길이 시작된다. 오르막은 에로 언덕Alto de Erro까지 이어진다. 힘든 구간이다. N-135번 도로와 만나는 에로 고개 정상에서 푸드트럭이 반겨준다. 여기에서 잠시 숨을 돌리자. 에로 고개 이후는 급경사 내리막길이다. 돌길이다. 길이 미끄러워 넘어지기 쉬우므로 발목을 다치지 않게 조심히 내려온다. 4km 정도 지나면 아르가강을 건너는 벽돌로 만든 아치형 라비아 다리Puente de la Rabia가 나타난다. 이 다리를 건너면 오늘의 목적지 수비리 마을로 접어든다.

다리를 건너지 않고 그대로 가면 다음 마을인 라라소아냐Larrasoana 마을로 향하게 된다. 힘들지 않으면 이곳까지 가는 사람들도 많다. 그러나 순례길 초반이다. 아직 카미노에 몸이 익숙하지 않으므로 욕심내거나 무리하지 말자. 알베르게가 모여 있는 수비리 마을 중심부에 체초베리 카페Txatxoberri가, 골목 안쪽엔 발렌틴 바Bar Valentin가 있다. 순례자들이 이곳에 모여 맥주와 음식을 앞에 놓고 대화를 나눈다. 첫날과는 달리 순례자들의 표정에 다소 여유가 흐른다. 다양한 나라에서 온 사람들의 대화 소리로 바가 시끌벅적하다.

수비리 들어가는 다리 앞

🛏🍴 숙소와 맛집 안내

🛏 Albergue Zaldico 살디코 알베르게

마을 초입에 있다. 위치가 좋고 규모는 작은 편이다. 이층 침대 4개를 갖춘 방이 세 개다. 간단히 음식을 데워먹을 수 있는 전자레인지가 있다. 깨끗하고 분위기가 가정집 같다. 홈페이지와 왓츠앱 등으로 예약할 수 있다. 가격은 1박에 14유로이다.

📍 Calle Puente de la Rabia, 1, 31630 Zubiri, Navarra
📞 +34 609 73 64 20(왓츠앱)
ⓘ 시설 수준 중
☰ http://alberguezaldiko.com

🛏 Albergue Suseia 수세이아 알베르게

시설이 깨끗하고 양호하여 순례자들의 평가가 좋다. 주인도 매우 친절하고 저녁 식사도 가능하며 맛있다. 6인실과 2인실 등이 있다. 6인실은 18유로이고, 저녁 식사는 21유로이다. 단점은 마을 입구에서 약 1km 정도 떨어져 있다는 점이다. 홈페이지와 부킹닷컴, 왓츠앱 등으로 예약할 수 있다.

📍 Calle Murelu, 12, 31630 Zubiri, Navarra 📞 +34 679 667 603(왓츠앱)
ⓘ 시설 수준 상 ☰ http://www.alberguesuseia.com

🛏 Albergue El Palo de Avellano
엘 팔로 데 아벨라노 알베르게

마을 초입에 있다. 규모가 꽤 크고 깨끗하다. 잔디 마당이 있어서 휴식과 빨래 말리기 좋다. 1박에 조식 포함 19유로이고, 저녁 식사도 가능하다. 음식이 맛있다.

📍 Ctra. Pamplona-Roncesvalles, 16, 31630 Zubiri, Navarra, 스페인
📞 +34 666 499 175(왓츠앱)
ⓘ 시설 수준 중
☰ www.elpalodeavellano.com

🍴 Bar Valentín 발렌틴 바

음식이 맛있다. 저녁에는 운영하지 않는다. 점심 겸 맥주 한잔은 여기서 하고 저녁은 알베르게에서 먹는 것도 좋을듯하다. 📍 Calle San Esteban, 5, 31630 Zubiri, Navarra 📞 +34 625 478 541

03 | 수비리-팜플로나
거리 약 20.7km 소요 시간 5~6시간 난이도 하 풍경 매력도 중

3코스는 경사도가 거의 없다. 숲길과 아르가강을 따라 걷는 조용한 코스이다. 마지막 4km는 팜플로나의 도심을 걷는다. 팜플로나는 카미노에서 첫 번째로 만나는 대도시이다. 나바라의 주도이다. 약국, 은행, 스마트폰 매장 등이 있으므로 필요한 것은 여기에서 해결한다. 대성당 인근에 한국 라면을 판매하는 슈퍼가 있고, 이곳에서 조금 떨어진 곳엔 중국식 뷔페식당도 있다.

상세경로

팜플로나 Pamplona — 도착 — 3.1km — 비야바 Villava — 부르라다 Burlada — 0.8km — 5.4km — 수리아인 Zuriain — 이로츠 Irotz — 2.2km — 3.1km — 라라소아냐 Larrasona — 1.9km — 에스키로츠 Eskirotz — 0.8km — 일야라츠 Ilarratz — 2.8km — 수비리 zubiri — 출발

팜플로나 도심의 순례자들

코스 특징과 유의 사항 강을 따라 울창한 숲길을 걷거나 광물을 채굴하는 큰 공장 지대를 지나기도 한다. 중간에 예쁜 라라소아냐 마을 옆을 지나간다. 잠깐 들러 구경하길 권한다. 이후 아르가강Rio Arga을 만나고 헤어지며 걷는다. 막달레나 다리Magdalena Bridge를 건넌 뒤 성벽과 공원을 지나고, 이어서 성문Portal de Francia을 통과하면 팜플로나 구도심이다. 팜플로나 대성당 인근은 매우 복잡하다. 길을 잃지 않게 건물 벽의 노란 화살표와 보도의 순례길 표식을 보면서 걷는다. 도심의 알베르게를 찾을 땐 헤매지 않게 구글맵을 활용하자.

포토 존과 가볼 만한 곳 팜플로나의 카스티요 광장Plaza del Castillo, 팜플로나 대성당Catedral de Pamplona, 시청사Ayuntamiento de Pamplona, 팜플로나 요새Ciudadela de Pamplona

고도표

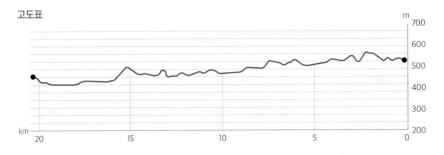

🐚 전날 건넜던 라비아 다리를 다시 건너 오른쪽 길로 나선다. 숲길을 걷다 공장지대와 광산 회사를 거쳐 일야라츠Ilarratz 마을을 지난다. 포장된 길을 따라 에스키로츠Eskirotz를 지나 숲길을 걷는다. N-2337번 도로를 가로질러 가면 오른쪽으로 라라소아냐Larrasoaña 마을 입구가 보인다. 마을로 들어가려면 아르가강의 라라소아냐 다리Puente de Larrasoaña를 건너야 한다. 아름다운 마을이다. 휴식도 하고 동네도 구경할 겸 들렀다 가는 것도 좋다. 여기서 조금 더 가면 언덕 위의 아케레타Aquerreta 마을을 지난다.

아르가강을 따라 난 숲길을 걸어 수리아인 마을로 들어가는 다리Zuriaingo Zubia를 건넌다. 다리 건너편에 예쁜 바La Parada de Zuriain가 있다. 시금치 토르티야가 맛있다. 맥주 한잔 마시며 땀을 식히기 좋다. 끌라라일명 레몬 맥주. 맥주에 탄산음료를 섞은 술도 한잔 맛보시길.
수리아인 마을을 나와 N-135번 도로를 따라 걷는다. 가능하면 안전을 위해 도로 옆 흙길로 걷자. 첫 번째 갈림길에서 왼쪽 길NA-

N-135번 도로 옆 흙길 걷는 순례자들

비 오는 날의 수리아인 가는 길

팜플로나 입구 성벽

2339번 도로로 간다. 아르가강 다리를 건너 계속 직진하면 이로츠Irotz 마을에 도착한다. 마을을 지나 아치형 중세 다리Puente medieval de Irotz를 건너 왼쪽으로 이어지는 길로 방향을 잡는다. 포장된 길과 작은 오솔길이 있는데 포장된 길로 가는 것이 조금 더 수월하다.

N-135번 도로를 건너 조금 걸으면 작은 쉼터가 나온다. 이곳에서 다시 산길을 걷는다. PA-30번 도로를 건넌다. 길을 따라가다 울사마강Rio Ulzama 다리 Puente de la Trinidad를 건너 왼쪽으로 가면 비야바Villava 마을로 접어든다. 이제부터 도시 길을 걷게 된다. 부르라다Burlada를 지나면 팜플로나 도시 외곽에 이른다.

길을 잃지 않도록 보도블록과 건물 벽의 카미노 표시를 보면서 걷는다. 아르가강의 막달레나 다리Puente de la Magdalena를 건너 팜플로나 성벽Murallas de Pamplona의 프랑스 문Portal de Francia을 통과하면 팜플로나 시내로 들어가게 된다. 이 문은 도시로 들어오는 주요 통로 중 하나였다. 프랑스로 가는 길목에 있는 문이라서 이런 이름을 얻었다.

공립 알베르게에 묵을 예정이면 시내에서 대성당Cathedral 표지판을 따라 가면 된다. 대성당 맞은편 골목에 알베르게 표시가 보인다. 팜플로나는 나바라의 주

팜플로나 시내

도로 큰 도시이다. 7월 4일~15일에는 산 페르민 축제가 열린
다. 황소 달리기 경주가 유명하다. 시청사의 발코니에서 산 페
르민 축제의 시작을 알린다.

큰 도시라 한국 라면을 판매하는 슈퍼와 아시아 음식 뷔페도
있다. 트레킹 용품점, 약국, 휴대전화 대리점, 은행 등에서 필
요한 일을 볼 수 있다.

시내 중심에 카스티요 광장이 있다. 팜플로나의 대표적인 명
소 가운데 하나로 사람들이 많이 모인다. 광장 옆에 헤밍웨이
가 즐겨 찾던 130년 전통의 대형 카페 이루냐Café Iruña가 있
다. 출입문과 실내 장식이 고풍스럽다. 순례객들이 즐겨 찾는
곳이니, 이곳에서 식사하며 팜플로나의 밤을 즐겨도 좋겠다.
카페가 넓지만, 밤이면 사람들로 북적인다.

카스티요 광장

🛏🍴🛍 숙소·맛집·숍 안내

🛏 Albergue Municipal Jesús y Maria
알베르게 무니시팔 헤수스 이 마리아

112개 침대를 갖춘 공립 알베르게이다. 선착순으로 순례자를 받는다. 5월~9월을 제외하고는 홈페이지에서 예약할 수 있다. 담요와 수건도 유료로 대여해 준다. 12시에 오픈하며 주방이 있어서 취사가 가능하다. 샤워실과 화장실 시설은 조금 아쉽다. 하루 숙박 가격은 11유로이다.

📍 C. de la Compañia, 4, 31001 Pamplona, Navarra
📞 (+34) 948 222 644 ⓘ 시설 수준 중하
☰ https://aspacenavarra.org/pamplona

🛏 Albergue Plaza Catedral 알베르게 플라사 카테드랄

팜플로나 대성당 광장 앞에 있는 사립 알베르게이다. 카스티요 광장까지 도보 5~6분 거리여서 입지도 좋다. 시설이 깨끗하고 개인 사물함도 있다. 다인실 등 여러 타입의 룸이 있다. 전화와 홈페이지 등에서 예약할 수 있다.

📍 C. Navarrería, 35, 31001 Pamplona, Navarra, 스페인
📞 +34 620 913 968(왓츠앱) ⓘ 시설 수준 상 ☰ https://www.albergueplazacatedral.com/en/

🍴 Restaurante Mr Wok 레스토란테 미르 옥

중국을 비롯한 아시아 음식을 파는 뷔페식당이다. 다양한 아시안 음식을 13유로 정도에 마음껏 먹을 수 있다. 음식은 좀 짠 편이지만, 오랜만에 아시안 푸드를 즐길 수 있다.

📍 C. del Río Arga, 18, 31014 Pamplona, Navarra 📞 +34 948 123 001

🛍 Alimentación Iruña 알리멘타시온 이루냐

아시안 식료품점이다. 팜플로나 대성당과 카스티요 광장 사이에 있다. 팜플로나 시청에서 가깝다. 한국 라면과 고추장 등을 판매한다.

📍 C. Mercaderes, 12, 31001 Pamplona, Navarra
📞 +34 948 207 405

🛍 팜플로나 데카트론과 데카트론 시티

스포츠와 등산 등 야외 활동 장비와 의류를 판매하는 대형 할인 매장이다. 외곽에 데카트론 대형 할인점이 있고, 시내엔 시티 점이 있다. 순례길 중 필요한 장비가 있으면 여기에서 구매할 수 있다.

외곽 대형 할인점 Decathlon Pamplona 📍 Av. de Guipúzcoa, s/n, 31013 Berriozar, Navarra 📞 +34 948 309 595
시티 점 Decathlon City Pamplona-Iruñea 📍 C. de Emilio Arrieta, 2, 31002 Pamplona, Navarra 📞 +34 948 201 383

04 | 팜플로나-푸엔테 라 레이나

거리 약 24.4km 소요 시간 6~7시간 난이도 상 풍경 매력도 상

팜플로나 도심을 빠져나가며 나바라대학교 캠퍼스를 지난다. 밀밭 길을 걷고, 풍력발전기가 보이는 용서의 언덕Alto del Perdón을 오른다. 언덕 위에서 철로 만든 순례자와 당나귀 조형물이 맞이해준다. 조각상에 새긴 글귀가 인상적이다. 별이 지나가는 길을 따라 바람이 지나가는 곳. "Donde se cruza el camino del viento con el de las Estrellas."

상세경로

용서의 언덕 조각상

코스 특징과 유의 사항 고도 약 770m의 용서의 언덕을 올라간다. 팜플로나와 고도차가 약 300m이지만, 13km 정도 비스듬히 오르기 때문에 사리키에기 오르막을 제외하고는 많이 어렵진 않다. 다만, 내려가는 길이 가파르고 바닥에 돌이 많아 조금 힘들다. 무릎보호대와 스틱을 사용하면 도움이 된다. 자전거 순례자들이 급하게 내려올 때가 있다. 길옆으로 피해 몸을 보호하자. 체력 부담을 느끼는 순례자라면 용서의 언덕을 넘을 때 배낭 이동 서비스를 이용해도 좋겠다.

포토 존과 가볼 만한 곳 시수르 메노르 마을을 지나 언덕 위 나무 벤치에서 바라보는 팜플로나 마을, 용서의 언덕, 여왕의 다리Puente la Reina, 푸엔테 라 레이나의 십자가상 성당Iglesia del Crucifijo

고도표

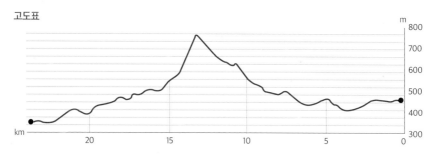

🐚 팜플로나의 알베르게를 나와 길바닥의 카미노 표식을 보며 시청 방향으로 걷기 시작한다. 목적지에 도착하면 다음 날 출발할 방향을 미리 체크해 두는 것이 좋다. 해뜨기 전 일찍 출발할 때 도움이 된다.

팜플로나 시가지를 벗어나 나바라대학교 캠퍼스를 지난다. 나바라 고속도로 A-15번을 건너는 고가도로와 오르막길을 걸어 시수르 메노르Cizur Menór 마을에 도착한다. 마을의 산 미겔 광장에 바Asador El Tremendo가 있다.

약 5km 정도 넓은 평야를 지나 완만한 오르막을 오르면 나무 한 그루와 벤치 두 개가 있는 쉼터를 만난다. 벤치 중앙에 누군가를 추모하는 십자가도 놓여 있다. 잠시 배낭을 내려놓고 땀을 식히자. 멀리 팜플로나가 시야에 잡힌다. 이곳에서 조금 더 가면 시리키에기Zariquiegui마을에 도착한다.

마을을 빠져나오면 멀리 풍력발전기가 돌아가는 언덕이 보인다. 고도 770m에 이르는 용서의 언덕이다. 언덕에 올라서면 나바라의 조각가가 철로 만든 순례자와 당나귀 조형물이 반겨준다. 철 조형물은 산티아고를 향해 걷고 있다. 조각상을 따라 서쪽으로 고개를 돌리면 드넓은 평원과 고속도로, 우리가 지나갈 우테르가, 무르사발 등이 한 눈에 들어온다.

용서의 언덕 하산길은 돌과 자갈이 많다. 게다가 길이 미끄럽고 경사가 급하다. 빠른 속도로 내려오는 자전거가 많으니 주의해야 한다. 넓은 평야 지대를 걸어 우테르가Uterga로 들어간다.

용서의 언덕의
방향표

용서의 언덕 위에서 바라본 마을 풍경

용서의 언덕을 오르는 순례자

1 푸엔테 라 레이나의 여왕의 다리 2 푸엔테 라 레이나 광장의 축제 풍경
3 우르테가 마을 초입 마리아상에서 기도하는 소녀들

마을 초입에 있는 마리아상이 인상적이다. 마을 뒤쪽에 있는 식당Camino Del Perdón
Albergue-Restaurante에 들러서 점심을 먹어도 좋겠다. 한국어 메뉴판도 있어서 편리하
다. 스테이크나 소고기 스튜가 맛있다.

무르사발Muruzábal을 지나고, N-601 도로 밑 굴다리를 거쳐 오바노스Obanos 마을로
들어간다. 마을 중심부에 있는 푸에로스 광장Plaza de Los Fueros의 아치문을 통과하고,
순례자 동상Estatua del Peregrino을 지나서 마을을 빠져나온다.
NA-6064 도로를 건너고, 자쿠에 호텔Jakue Hotel을 지나 NA-1110 도로를 따라간다.
사거리에서 공립 알베르게Albergue Padres Reparadores를 끼고 왼쪽 길로 접어들면 '여
왕의 다리'라는 뜻의 푸엔테 라 레이나Puente la Reina에 도착한다. 푸엔테 라 레이나라
는 마을 이름은 푸엔테 라 레이나라는 다리 이름에서 따왔다. 11세기에 순례자들을 위
해 아르가강 위에 세운 아름다운 아치 다리이다. 카미노에서 가장 아름다운 로마네스
크 양식의 석조 다리 중 하나이다. 마을은 꽤 고풍스럽다. 성당이 두 개 있을 만큼 제법
크다. 산티아고 성당과 Y자 모양의 십자가로 유명한 크루시피호 성당Iglesia del Crucifijo
이 있다. 큰 슈퍼마켓과 등산용품 판매점도 있어서 순례 중 필요한 것을 구매할 수 있다.

숙소와 맛집 안내

Albergue Puente 푸엔테 알베르게

푸엔테 라 레이나 마을의 남쪽 구역, 카미노 순례길 옆에 있다. 룸 타입이 다양하고, 베란다 등 휴식 공간도 있다. 주방이 있어서 취사할 수 있다. 다인실 숙박비는 16유로이다. 세탁기와 건조기는 유료로 사용할 수 있다.

⊚ P.º los Fueros, 57, 31100 Puente la Reina, Navarra

☎ +34 661 70 56 42(왓츠앱으로 예약 가능)

ⓘ 시설 수준 중 ☰ http://www.alberguepuente.com

Camino Del Perdón Albergue-Restaurante 카미노 델 페르돈

용서의 언덕과 무르사발 사이에 있는 우테르가 마을 끝에 있는 식당이다. 알베르게도 겸하고 있어서 우테르가에 머무는 순례자들이 숙식을 많이 한다. 마당이 넓고 순례자 메뉴가 꽤 맛있다. 한국어로 된 메뉴판도 있다. 순례자 메뉴 중 메인으로 스테이크 또는 소고기 스튜를 추천한다.

05 | 푸엔테 라 레이나 - 에스테야

거리 약 21.7km 소요 시간 5~6시간 난이도 하 풍경 매력도 중

5일 차 코스는 푸엔테 라 레이나 마을 끝 여왕의 다리를 건너 나바라의 대표적인 와인 생산지를 걷게 되는 무난한 구간이다. 끝없이 펼쳐진 포도밭 풍경이 무척 아름답다. 9~10월에 걷는다면 포도송이가 탐스럽게 익어가는 광경을 구경할 수 있다. 조용히 사색에 잠겨 걷기 좋은 길이다.

상세경로

에스테야
Estella

도착 — 4.0km — 비야투에르타 Villatuerta — 4.5km — 로르카 Lorca — 5.7km — 시라우키 Cirauqui — 2.8km — 마녜루 Mañeru — 4.7km — 출발

푸엔테 라 레이나
Puente la Reina

N
W—◇—E
S

시라우키 가는 길의 순례자들

코스 특징과 유의 사항 초반의 마녜루까지는 오르막을 걷는다. 조금 힘든 구간이다. 하지만 나머지는 완만한 오르막과 내리막이 이어지는 오솔길이 대부분이다. 걷기 무난한 코스이다. 마을 외에는 그늘이 별로 없어서 쉴 장소가 마땅치 않다. 가을철엔 수확이 끝나지 않은 포도밭에 들어가지 않는다. 일하는 농부를 만나면 와인 주산지 리오하의 맛있는 포도를 맛보는 행운을 얻을 수 있다.

포토 존과 가볼 만한 곳 시라우키를 지나는 포도밭 길, 에스테야 성묘성당

고도표

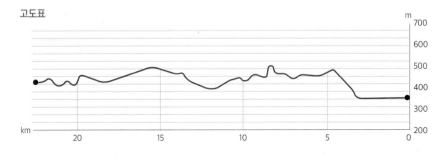

🐚 석조 아치가 아름다운 여왕의 다리를 건넌다. 도로를 건너 뒤 오른쪽 카미노 화살표가 가리키는 방향으로 향한다. 수도원Comendadoras Sancti Spiritus을 지나 가파른 오르막 숲길을 걷는다. 이윽고 언덕을 내려와 NA-601 도로 지하도를 통과한다. 시골길을 계속 걸으면 큰 로터리가 나온다. 마녜루Mañeru 마을이다.

마을 끝 공동묘지를 통과하면 멀리 다음 마을인 시라우키Cirauqui가 보인다. 오르막을 지나 올리브와 포도밭 사이 오솔길을 걷다 보면 약간 언덕진 곳에 자리를 잡은 시라우키 마을에 도착한다. 중세에 지은 산 로마 성당과 성 캐서린 성당이 고풍스럽다. 마을 초입에 시라우키Cafetería Zirauki라는 카페가 있다. 카페 서북쪽 좁은 골목길엔 에가 판Ega Pan이라는 조그만 제과점이 있다. 빵이 맛있다고 소문난 곳이다. 크루아상과 커피 한잔이 아침의 피곤을 달래준다.

시청 광장Plaza Ayuntamiento Cirauqui을 지나 마을을 빠져나와 로마 시대에 만든 아치형 돌다리Calzada y Puente Romano de Cirauqui를 건넌다. A-12번 고속도로 고가다리를 건너 왼쪽 포도밭 길을 걷는다. 나바라주는 스페인의 대표적인 와인 생산 지역으로

시라우키 가는 길 풍경

마네루까지는 길 풍경

곳곳에 포도밭이 많다. A-7171 도로 옆길을 따라 걸어가면 고가 수로Acueducto de Alloz가 나온다. 수로 밑을 지나 왼쪽 숲길로 꺾어 들어간다. 소금이라는 뜻을 품은 살라도강Rio Salado의 돌다리Puente sobre rio Salado를 건너 왼쪽으로 걸어간다. A-12번 고속도로 굴다리를 통과해 로르카Lorca 마을에 닿는다. 로르카 마을 초입에 이르면 로마네스크 양식의 둥근 성당Igelsia de San Salvador eliza이 시야에 들어온다. 성당을 지나 마을로 접어든다. 마을 끝자락에 이르면 오른쪽으로 노란색 2층 건물이 보인다. 알베르게 데 로르카Albergue de Lorca 이다. 호세의 집으로 알려져 있는데 한국 여성분이 운영하는 바와 알베르게다. 여기에서 잠깐의 휴식을 취할 수 있으나, 아쉽게도, 한국 음식은 없다.

마을을 나와 NA-1110 도로 옆길을 따라 걷는다. 왼쪽으로 빠지는 카미노 표지판이 나오면 넓은 밀밭 길로 들어선다. A-12번 고속도로 아래로 굴다리를 지나면 멀리 비야투에르타Villatuerta 마을이 보인다. 마을 초입에 둥근 바람개비가 돌아간다. 제법 큰 마을이다. 마을 분위기가 조용하고 깨끗하다. 마을 중간쯤 중앙광장 옆으로 스포츠 단지가 보인다. 광장을 지나 조금 내려가면 길가에 마르타Marta라는 카페가 있다. 카페를 지나면 이윽고 이란추강Rio Irantzu이 나타난다. 아치형 다리Puente Románico de Villatuerta를 건너 왼쪽으로 가다가 성당

1 에스테야 가는 길 2 비야투에르타 교회 3 에스테야 풍경

Iglesia de Nuestra Señora de la Asunción을 지나 마을을 빠져나온다. 마을 끝자락에서 단층 기와집 몇 채를 볼 수 있다.

이윽고 산업단지를 지난다. NA-132번 도로를 건너 숲길로 들어선다. 에가강Rio Ega을 따라 포장된 길을 걸어가면 에스테야 마을에 도착한다. 에스테야 입구에서 성묘 성당 Lglesia del Santo Sepulcro이 반겨 준다. 뒤쪽은 산토도밍고 수도원이다. 이 길을 따라 NA-1110번 도로 밑을 지나면 에스테야의 공립 알베르게Albergue de peregrinos de Estella 와 상가들이 나타난다. 평판이 좋은 나마스테NamasTé라는 바도 있다.

오른쪽 카르셀 다리Puente de Cárcel, Weevil Bridge를 건너면 산미겔 성당과 시내 중심부 가 나온다. 까르푸 익스프레스, 디아 같은 큰 슈퍼마켓이 있고, 시내엔 보고 먹고 즐길 거 리도 많다. 중세 마을을 구경하면서 휴식의 여유를 즐기면 좋을 듯하다. 저녁에는 성당 과 수도원에 조명이 들어와 야경이 매혹적이다. 🏔️

🏨 숙소 안내

🛏 Albergue–Hostería de Curtidores
쿠루키도레스 알베르게

에스테야 마을 초입의 카미노 길에 있다. 강가에 있어서 물소리
와 멋진 풍경을 감상할 수 있다. 시설이 깨끗하다. 4인 베드와 개
인 사물함이 있는 룸 가격이 17유로이다. 주인이 무척 친절하다.
주방이 있어 조리도 가능하다.

📍 C. Curtidores, 43, 31200 Estella, Navarra
📞 +34 663 613 642 ⓘ 시설 수준 중
☰ https://lahosteriadelcamino.com

🛏 Hostel Agora Estella 호스텔 아고라 에스테야

카르셀 다리 건너에 있는 녹색 건물이다. 침대는 시트가 깔린 깨끗한 2층 캡슐 형태이다. 가격은 18유로이다.
커튼이 쳐져 있어서 프라이버시가 보장된다. 개인 사물함이 있다. 샤워실도 넓고 깨끗하다. 주인이 매우 친절
하다. 1층에 취사할 수 있는 주방이 있다. 로비에서 한국 라면을 3유로에 판매한다.

📍 C/ Callizo Pelaires nº3, 31200 Estella, Navarra
📞 +34 948 546 574 ⓘ 시설 수준 상 ☰ www.agora-hostel.com

06 | 에스테야-로스 아르코스
거리 약 21.9km 소요 시간 5~6시간 난이도 하 풍경 매력도 상

오솔길을 걷는 평이하고 쉬운 구간이다. 넓게 펼쳐진 밀밭과 포도밭이 푸른 하늘과 어우러져 멋진 풍경을 선사한다. 초반에 '이라체 와인 샘'을 만난다. 수도꼭지를 틀면 와이너리에서 보내주는 물과 와인을 마실 수 있다.

상세경로

비야마요르 데 몬하르딘
Vilamayor de Monjardin

도착
로스 아르코스
Los Arcos

12.9km

1.9km

아스케타
Azqueta

4.2km

이라체
Irache

1.0km

아예기
Ayegui

에스테야
Estella

출발

1.9km

이라체 와인의 샘

코스 특징과 유의 사항 이라체의 와인 샘을 지나면 두 갈래 갈림길이 나온다. 전통 카미노인 오른쪽 길을 추천한다. 잠시 헤어진 길은 비야마요르 데 몬하르딘을 지나서 다시 만난다. 아스케타와 비야마요르 데 몬 하르딘 사이는 짧은 오르막 구간이다. 이곳을 지나면 로스 아르코스까지 넓게 펼쳐진 평야를 걷게 된다. 비야마요르 데 몬 하르딘에서 로스 아르코스까지 13km를 걷는 약 세 시간 동안 쉴 수 있는 마을이 없다. 비야마요르 데 몬 하르딘을 출발하기 전에 충분한 휴식을 취하는 게 좋다. 물도 여유롭게 준비하자.

포토 존과 가볼 만한 곳 아예기 대장간, 이라체 와인 샘, 로스 아르코스의 산타마리아 성당Iglesa de Santa Maria

고도표

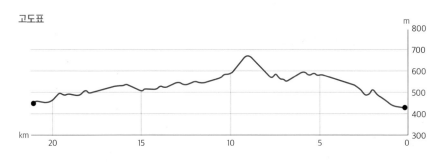

에스테야와 다음 마을 아예기는 가까이 붙어 있다. 아예기 마을을 지나 NA-1110번 도로를 건너면 수공예품을 직접 만들고 판매하는 대장간Forjas Ayegui이 나온다. 이곳을 지나면 잠시 후 이라체의 와인 샘Fuente del vino de las 'Bodegas Irache'이 나타난다. 옛날부터 순례자들에게 빵과 포도주를 나누어 주는 전통을, 지금은 와이너리에서 이어받아 와인과 생수를 무료로 제공하고 있다. 수도꼭지가 두 개다. 오른쪽에선 생수가, 왼쪽에선 와인이 나온다. 이라체 홈페이지https://www.irache.com에 들어가면 CCTV로 현재 도착한 나의 모습을 보는 재미를 즐길 수 있다. 물과 와인은 하루 일정량만 제공한다.

이라체 와인의 샘

이곳을 지나면 갈림길이 나온다. 오른쪽은 카미노 전통 루트이고, 왼쪽은 신규 코스이다. 전통 루트인 오른쪽 길을 추천한다. 다음 마을 아스케타에 도착하면 바에서 잠시 휴식을 취한다. 여기서부터 비야마요르 데 몬하르딘까지는 오르막길이다. 짧은 오르막이므로 긴장할 필요는 없다. 와인 재배를 위해 판 무어의 샘Fuente de los Moros을 지나면 해발 680m에 위치한 비야마요르 데 몬하르딘에 닿는다. 고도가 높아 주변 경관이 아름답다. 이곳

로스 아르코스 방향표

이라체 대장간 수공예품 판매점

아스케타 가는 길

아스케타 초입

로스 아르코스 가는 길의 푸드트럭

부터 오늘의 목적지인 로스 아르코스까지 거리는 약 12km이다.
3시간 정도 걸어야 하는데, 중간에 쉴만한 장소가 마땅치 않다.
출발하기 전에 충분한 휴식을 취하고, 생수도 여유롭게 준비하
고 출발하는 게 좋다.

마을을 벗어나면 내리막길이다. 밀밭과 포도밭 사잇길을 걷게 되
는데 그늘이 거의 없다. 가을엔 포도가 열려있거나 수확이 끝난
모습을 보며 걷게 된다. 이 지역은 스페인에서 알아주는 와인 생
산지이다. 가는 도중 가끔 양 떼를 만난다. 당황하지 말고 길옆으
로 잠시 비켜서거나 천천히 걸어가면 양 떼 몰이 개들도 별반 신
경을 쓰지 않는다.

무어의 샘

로스 아르코스 중심 길

로스 아르코스의 좁은 마을 길을 따라 한참 들어가면 삼거리 코
너에 황토색 알베르게Casa de la Abuela-Albergue가 보인다. 이곳
에서 오른쪽 길로 접어들면 잠시 후 산타마리아 성당Iglesia de
Santa María de Los Arcos 광장이 나온다. 순례자 중 일부는 로스
아르코스에서 숙박하지 않고 7km를 더 가 산솔 마을에 머물기
도 한다. 하지만 순례자 대부분은 로스 아르코스에서 하루 순례
를 마감한다. 성당 앞 광장 앞엔 바가 영업 중이다. 순례자들은 파
라솔 아래에 모여 식사하고 휴식을 취한다.

🏛 숙소 안내

🛏 Casa de la Abuela Albergue
카사 데 라 아부엘라 알베르게

할머니의 집이란 뜻을 가진 로스 아르코스의 알베르게이다. 산타마리아 성당 광장 근처에 있다. 입지가 좋아 인기가 많다. 룸 타입이 다양하다. 다인실 가격은 15유로이다. 주방 요리는 불가능하다. 알베르게 이름처럼 따뜻하고 친절하다.

📍 Pl. la Fruta, 8, 31210 Los Arcos, Navarra
📞 +34 630 610 721 ⓘ 시설 수준 중
≡ https://casadelaabuela.com/

🛏 Albergue Palacico de Sansol
알베르게 팔라시코 데 산솔

로스 아르코스 다음 마을인 산솔에 있는 알베르게이다. 시설이 깨끗하고 좋다. 개인 사물함도 있다. 다양한 룸 타입이 있으며, 다인실 가격은 18유로이다. 입실 시 저녁 식사를 예약할 수 있다. 주방이 있어서 조리도 가능하다. 부킹닷컴으로도 예약할 수 있다.

📍 Pl. el Sindicato, 1, 31220 Sansol, Navarra 📞 +34 617 641 852 ⓘ 시설 수준 상
≡ https://www.palaciodesansol.com/

07 | 로스 아르코스-로그로뇨
거리 약 27.9km 소요 시간 7~8시간 난이도 중 풍경 매력도 중

7일 차 코스는 대부분 밀밭과 포도밭 사이 오솔길을 걷게 된다. 지금까지 걸어온 나바라Navarra주를 뒤로하고 스페인의 대표적인 와인 생산 지역인 라 리오하La Rioja 주로 넘어가는 날이다. 오늘의 목적지인 로그로뇨Logroño는 라 리오하의 주도이다.

상세경로

비아나
Viana

산솔
Sansol

9.3km

10.8km

토레스 델 리오
Torres del Rio

0.8km

7.0km

도착

출발

로그로뇨
Logroño

로스 아르코스
Los Arcos

산솔로 가는 길

코스 특징과 유의 사항 산솔과 토레스 델 리오까지 한적한 오솔길을 걷는다. 비아나까지는 높지 않은 오르막과 내리막이 이어진다. 7일 차 코스 중 제일 힘든 구간이다. 이후 로그로뇨까지 포도밭과 올리브 나무가 자라는 오솔길을 약 10km 정도를 걷는다. 그늘이 거의 없는 길이다. 생수를 충분히 준비한다. 가을에 걷는다면 포도가 무르익은 와인 농장 풍경을 감상할 수 있다.

포토 존과 가볼 만한 곳 비아나의 산타 마리아 성당, 비아나의 산 패드로 수도원 유적지, 로그로뇨 라우렐 거리 La Laurel, 타파스 거리, 로그로뇨 산타 마리아 데 라 레돈다 대성당

고도표

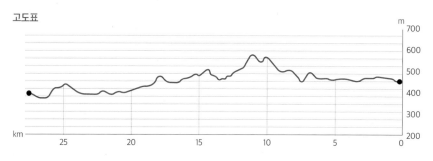

🐚 로스 아르코스를 빠져나와 오솔길을 한참 걸으면 산솔 마을이 보인다. 한적하고 작은 마을이다. 플라시코 데 산솔 알베르게Palacio de Sansol 앞에 맛집Terraza La Mala Racha café bar이 있다. 이곳에서 잠시 쉬어 가도 좋다. 산솔 마을을 나와 버스정류장에서 NA-1110 도로를 건너면 다음 마을인 토레스 델 리오가 보인다. 아치형 돌다리Puente Sobre el Rio Linares를 건너면 바로 마을에 들어선다.

토레스 델 리오를 나와 공원묘지를 지나면 다음 마을인 비아나까지 오르막과 내리막이 계속 이어진다. 오늘 코스 중 가장 힘든 구간이다. 마땅히 쉴만한 곳도 없는 길을 약 10km 걸어가야 한다. 비아나의 중심 광장Plaza los Fueros에 오래된 산타 마리아 성당Iglesia de Santa Maria이 서 있다. 광장 주변으로 시청, 은행, 식당이 모여 있다. 산타마리아 성당의 내부를 감상하고 주변 바에 들러 휴식을 취하도록 하자. 광장에서 조금 내려오면 성당의 유적지Ruinas de la Iglesia de San Pedro가 나온다. 잠시 폐허의 미를 느껴보자.

마을을 빠져나오면 포도밭이 길게 이어진다. 길은 평탄하다. 나

토레스 델 리오 마을을 나오면서

비아나 가는 오르막길

비아나 가는 길

비아나 거리의 순례자

비아나 표지판

무로 만든 육교Paso superior로 N-111 도로를 건넌다. 도로 옆길을 따라 걸어가면 공장지대가 보인다. 그즈음 나바라주와 라 리오하주의 경계Entrada a La Rioja, Camino de Santiago를 알려주는 표지가 보인다.

이제부터 스페인 대표적인 와인 생산지인 라 리오하를 걷는다. 도시 외곽을 걷다가 도로를 건넌다. 에브로강Rio Ebro을 따라 사이프러스 나무가 길게 늘어선 공원을 걷다가 계단을 올라가면 피에드라 다리 Puente de Piedra가 나온다. 다리를 건너 로그로뇨 시내로 들어간다. 로그로뇨의 순례자 표식은 조금 특이하다. 큰 돌비석에 쇠로 만든 조가비 모양이 인상적이다.

1 멀리 보이는 로그로뇨 시내 2 포도가 익어가는 풍경 3 로그로뇨 중심 광장의 카페

로그로뇨엔 타파스가 유명한 라우렐 거리La Laurel 거리가 있다. 타파스와 함께 와인이
나 맥주를 즐기면서 여독을 풀고 친구도 사귀어 보자. 양송이 타파스로 유명한 바bar
angel를 많이 찾는다. 여러 맛집을 돌면서 타파스 도장 깨기를 해보는 것도 즐겁다. 다
만, 다음날 여정을 위해 무리는 하지 말자.

라우렐 거리 인근에 까르푸 마켓Carrefour Market이 있다. 식품 코너에 가면 초밥 같은
즉석 음식을 판매한다. 저렴하고 맛있는 와인도 함께 구매하면 즐겁게 한 끼 식사를 해
결할 수 있다. 라우렐 거리에서 동북쪽으로 5분 거리에 산타 마리아 데 라 레돈나 대성
당Concatedral de Santa María de la Redonda이 있다. 대성당 앞은 로그로뇨의 중심 광장
Plaza del Mercado이다. 광장 주변은 식당, 카페, 술집, 숙소, 여러 판매시설이 밀집한 번
화가이다. 볼거리와 먹거리가 풍부하다. 🔘

Albergue Logroño Centro
알베르게 로그로뇨 센트로

로그로뇨 북쪽 지역 산타 마리아 데 팔라시오 성당Iglesia de Santa
Maria de Palacio 앞에 있다. 시설은 깨끗하고 개인 사물함이 있다.
이층 철제 침대를 사용하는데 침대 간격이 좁아 배낭을 놓기가
조금 불편하다. 주방에서 음식을 만들 수 없다.

◎ C. Marqués de San Nicolás, 31, 26001 Logroño, La Rioja
☎ +34 678 495 109 ⓘ 시설 수준 중
☰ http://www.apartamentoslogronocentro.com/

Winederful Hostel 위네데르풀 호스텔 & 카페

알베르게 로그로뇨 센트로와 마찬가지로 산타 마리아 데 팔라시
오 성당Iglesia de Santa Maria de Palacio 근처에 있다. 위치가 좋고
침대 등 시설이 매우 깨끗하다. 침대 시트가 있고 개인 사물함이
있다. 침대에 커튼이 있어서 편리하다. 룸에 침대 열두 개가 있다.
가격은 21유로이다.

◎ Herrerías 2-14 Bajo 26001 Logroño (La Rioja), 26001
☎ +34 600 904 703 ⓘ 시설 수준 상 ☰ http://www.winederful.es/

🍴 Bar Ángel 바 앙헬

로그로뇨의 라우렐 거리에 있는 타파스 가게이다. 양송이 타파스
가 유명하다. 현지인과 일반 여행객이 많지만, 와인 또는 맥주를
앞에 놓고 타파스를 즐기는 순례객도 자주 볼 수 있다. 사람들 대
부분이 서서 음식과 술을 즐긴다.

◎ Calle del Laurel, 12, 26001 Logroño, La Rioja
☎ +34 941 206 355

Fruteria Rica Alimentacion 푸루테리아 리카 알리멘타시온

로그로뇨의 산타 마리아 데 팔라시오 성당Iglesia de Santa Maria de Palacio 근처에 있는 식료품점이다. 캔 김치와
한국 라면, 떡국, 짜장라면, 고추장 등을 구매할 수 있다. ◎ C. el Cristo, 26001 Logroño, La Rioja

Shun Fa Alimentación 슌 파 알리멘타시온

로그로뇨의 솔리다리닷 거리Av. Solidaridad에 있는 아시안 식료품점이다. 한국 라면, 한국 과자, 쌈장, 고추장,
과일, 채소 등을 구매할 수 있다. 중국인이 운영한다. ◎ Av. de Colón, 51, 26003 Logroño, La Rioja

08 | 로그로뇨-나헤라
거리 약 30.5km 소요 시간 8~9시간 난이도 상 풍경 매력도 중

벌써 카미노 8일 차이다. 이쯤 되면 순례객 대부분이 순례 여행에 적응한 상태이다. 길은 평이하다. 하지만 30km를 걸어야 한다. 마음의 준비를 하고 출발하자. 초반의 그라헤라Grajera 고개와 후반의 산 안톤 고개를 오를 때 특히 힘들 수 있다.

상세경로

벤토사 마을을 나오면서

코스 특징과 유의 사항 8일 차 코스는 비스듬히 오르는 포도밭 길이 오래 이어진다. 로그로뇨 시내를 빠져나오면 그라헤라 공원과 저수지를 지나게 된다. 그다음엔 A-12번 도로를 따라 옆길을 걷는다. 이 구간이 다소 지루할 수 있다. 목적지인 나헤라까지 곧장 가기에는 너무 멀다. 나바레테Navarrete 다음 마을이 벤토사Ventosa이다. 벤토사에 잠시 들러 휴식을 취하고 출발하자. 마을로 들어가는 길에 놓인 예술 작품들을 감상할 수 있어서 좋다. 라 리오하주La Rioja를 지나는 구간은 마을과 마을 구간이 길다. 게다가 중간에 마땅한 그늘이 없다. 미리 생수를 보충하고 출발하자. 나헤라는 알베르게 수가 적다. 성수기에는 예약할 것을 추천한다.

포토 존과 가볼 만한 곳 그라헤라 저수지, 그라헤라 고개 넘어 언덕 위 황소 조각물, 나베레테의 성모승천 성당, 벤토사 진입로의 사진과 조각 작품, 나헤라 산타 마리아 라 레알 수도원

고도표

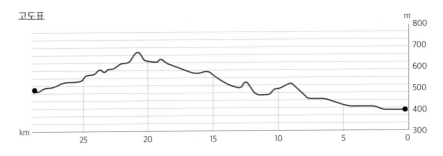

로그로뇨의 산티아고 레알 성당Iglesia de Santiago el Real을 지나 분수대가 있는 로터리Fuente Murrieta를 돌아간다. 철길을 넘는 다리를 건너면 산미겔 공원Parque de San Miguel이다. 공원을 나오면 도로를 건넌다. 시내를 빠져나올 때 길을 잃지 않게 조심한다. 포장된 길을 걸어 공원Parque Camino de Santiago을 지나 그라헤라 저수지와 공원Parque de la Grajera을 만나게 된다. 호수 서쪽의 공원 끝자락에서 하얀 수염이 인상적인 할아버지가 조그만 오두막Fuente del guarda Joaquín Sánchez에서 간식과 음료를 판매하면서 세요를 찍어준다.

포도밭 길을 따라 걸어가면 그라헤라 고개를 오른 다음 N-120번 도로를 따라 난 옆길을 걷는다. 길 담벼락 철조망 사이로 순례자들의 간절한 소망이 담긴 나무 십자가들이 매달려 있다. 목재 공장을 지나면서 멀리 언덕 위에 황소 모양 조형물이 보인다. 고가도로와 포도밭을 지나 직진하면 마을 초입 왼쪽에 큰 와인병이 눈에 띄는 와이너리Ruinas Hospital de San Juan de Acre를 지나 나바레테Navarrete로 들어선다. 마을을 따라 걸으면 성모 승

로그로뇨 거리 바닥의 카미노 문양

벤토사 돌어가는 길

그라헤라 저수지 인근의 가판대

나바레테 와이너리 모습

천 성당Iglesia Santa Maria de la Asunción이 있는 광장을 만난다. 이곳에서 순례자들이 잠시 쉬어간다. 나바레테는 중세 시대 카스티야 왕국과 나바라 왕국 사이에 치열한 전투가 여러 차례 벌어졌던 지역이다.

마을을 벗어나 N-120번 도로로 접어들면 양편으로 도자기 상점과 공원묘지가 보인다. 이어서 포도밭을 지난다. A-12 고속도로 옆으로 난 길을 따라 쭉 걷다 보면 벤토사로 들어가는 표지를 만난다. 이 표지를 지나쳐서 계속 목적지로 가도 되지만, 벤토사 마을에 들러 점심을 먹고 잠시 쉬어가길 추천한다. 벤토사로 들어가는 길가에 사진과 예술 작품을 전시해 두었다. 야외 전시장인 셈이다. 잠시 카미노의 고단함을 잊고 작품을 감상할 수 있어서 좋다.

벤토사를 벗어나면 와인 양조장Bodegas Alvia을 만나고, 이어서 포도밭 사이를 걷는다. 산 안톤 고개Alto de San Antón를 넘어서면 저 멀리 나헤라 마을이 보인다. 길 양편으로 포도밭이 끝없이 펼쳐진다. 한참 흙길을 걸어가면 콘크리트공장Hormigones Áridos y Excavaciones S.A. - HORAESA이 보이고, 더 걸어서 스포츠센터Polideportivo Sancho III "El Mayor"와 주택가를 지나 나헤라로 들어선다. 산후안 데 오르테가 다리Puente San Juan de Ortega를 건너면 구시가지에 이른다. 마을을 가로지르는 나헤리야강Najerilla과 마을 끝에 점토색 암벽이 둘러싼 아름다운 마을이다. 나헤라는 중세 시대 나바라 왕국의 수도였을 정도로 큰 마을이었다. 나헤라는 알베르게가 많지 않아 성수기에는 잠자리 찾기가 쉽지 않다. 꼭 예약하길 추천한다. 나헤리야 강변으로 맛집들이 모여 있다. 아사도르Asador El Buen Yantar는 양고기 맛집으로 유명하나 돼지갈비도 맛있다. 스테이크를 맛보고 싶다면 니헤리야 강변에 있는 트린케테Restaurante El Trinquete를 추천한다.

벤토사 입구 안내문

나바레테를 향해 도로를 걷는 순례자

 Albergue Puerta de Najera 알베르게 푸에르타 데 나헤하

나헤라 구시가에 있다. 산후안 데 오르테가 다리 건너자마자 오른쪽 큰길 가에 있다. 시설이 깨끗하고, 주인도 매우 친절하다. 다양한 타입의 룸이 있다. 이층 나무 침대를 갖춘 다인실 가격은 15유로이다.

📍 C/ Carmen, 4. Entrada por la calle Ribera del 📞 +34 683 616 894
ⓘ 시설 수준 중
≡ http://www.alberguedenajera.com/

🛏 **Pension San Lorenzo** 펜시온 산 로렌조 & 카페

나헤라 구시가에 펜션 두 개를 운영 중이다. 주인은 매우 친절하고, 시설은 매우 깨끗하다. 2인실은 침대 시트와 타올을 갖추고 있다. 화장실과 샤워실이 넓고 깨끗하다. 2인실 가격은 58유로이다.

📍 Calleja Primera San Miguel, 6, 26300 Nájera, La Rioja 📞 +34 941 363 722 ⓘ 시설 수준 상 ≡ http://www.pensionsanlorenzo.es/

🍴 **Asador El Buen Yanta** 아사도르 엘 부엔 얀타

나헤라 구시가에 있는 양고기 맛집이다. 돼지갈비가 양고기 못지않게 맛이 좋다. 인기가 많아서 빈자리가 없을 수 있다. 예약하는 게 안전하다.

📍 C. Mártires, 19, bajo, 26300 Nájera, La Rioja 📞 +34 941 360 274

🍴 **Restaurante El Trinquete** 레스토란테 엘 트린케테

구시가지의 니헤리야 강변에 있는 소고기 스테이크 맛집이다, 와인 한잔과 스테이크로 순례길의 피곤함을 달랠 수 있다. 모처럼 기분을 내고 싶다면 이곳이 제격이다. 샐러드와 생선요리도 판매한다.

📍 junto al río Najerilla, Calle Mayor, C. Descampado, 8, Entrada por, 26300 Nájera, La Rioja
📞 +34 941 362 567

09 | 나헤라-산토 도밍고
거리 약 21.8km 소요 시간 5~6시간 난이도 하 풍경 매력도 상

대부분 포도밭과 밀밭 길을 걷는다. 비교적 쉬운 길이다. 오늘 코스의 백미는 후반부인 시루에냐Cirueña
와 산토 도밍고 사이에서 만나게 되는 밀밭 풍경이다. 봄에는 푸른 밀밭을, 가을에는 노란 밀밭 풍경을
눈에 넣으며 걸을 수 있다. 라 리오하주의 밀밭 풍경은 카미노에서 가장 아름다운 풍경 가운데 하나이다.

상세경로

산토 도밍고 데 칼사다
Santo Domingo de la Calzada
도착
6.1km
9.2km
시루에냐 Cirueña
아소프라
Azofra
6.5km
나헤라
Najera
출발

산토 도밍고가는 길

코스 특징과 유의 사항 포도밭과 넓은 밀밭 길을 걷는 비교적 짧은 구간이다. 여유롭게 사진을 찍고, 풍경도 마음껏 감상하며 걸을 수 있다. 햇빛을 피해 쉴 수 있는 나무 그늘이 거의 없다. 모자와 선글라스, 충분한 생수를 준비하자.

포토 존과 가볼 만한 곳 시루에나와 산토 도밍고 사이 밀밭 풍경, 산토 도밍고 데 라 칼사다 대성당

고도표

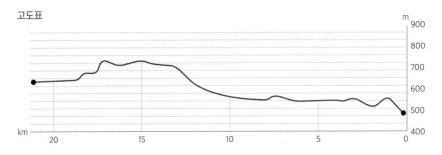

시루에나 가는 길의 푸른 들판

🐚 나헤라의 나바라 광장Plaza Navarra과 판테온Panteón Real 을 지나면서 아름다운 중세 도시와 이별한다. 길은 완만한 오르막이다. 주변은 포도밭이다. 포도가 우리가 먹는 것보다 열매가 작다. 하지만 당도는 훨씬 높다. 길은 걷기 편하다. 한참 걷다 보면 풍경이 밀밭으로 바뀐다. 밀밭을 감상하면서 아소프라로 들어선다.

아소프라 마을을 나와 다시 포도밭 사이를 걷는다. LR-207번 도로를 건너면 포도밭과 넓은 밀밭이 자주 나타난다. 완만한 오르막을 걷다 보면 왼쪽에 나무와 벤치, 비석 같은 돌이 서 있는 휴식 공간이 나온다. 가판대가 있을 때도 있다. 조금 더 가면 골프장Rioja Alto Golf Club과 타운하우스가 나타난다. 골프장 클럽하우스에서 음료나 식사를 할 수 있다. 타운하우스를 지나면 시루에나에 닿는다. 마을을 빠져나오면 밀밭과 보리밭이 끝없이 펼쳐진다. 카미노에서 멋진 풍경 중 하나이다. 산티아고 순례길 사진에서 많이 보던 풍경이다. 잠시 걸음을 멈추고 아름다운 풍경을 맘껏 카메라에 담아보자.

멀리 산토 도밍고 대성당의 높은 종탑이 보인다. 외곽의 공장지대를 지나 산토도밍고 데 라 칼사드로 들어간다. 마을 이름은 성인 도밍고 가르시아의 이름에서 유래되었다. 목동이었던 도밍고

아소프라바에서의 아침 식사

시루에나 가는 길의 포도밭

시루에나 가는 언덕 쉼터에서의 휴식

는 이곳에서 산티아고 순례자들에게 잠자리를 내어주었다. 순례길을 넓히고 병원과 성당을 지었다. 도밍고 가르시아의 노력으로 지금의 마을이 만들어지게 되었다. 도밍고는 이곳에 묻혔다. 훗날 그의 묘지 위에 산토도밍고 데라 칼사다 대성당Catedral de Santo Domingo de la Calzada이 세워졌다.

이 마을은 '수탉과 암탉의 기적' 이야기로도 유명하다. 15세기경이었다. 한 부부에게 산티아고 순례 중에 억울하게 죽은 아들이 있었다. 부부는 순례를 마치고 돌아오던 중 아들이 살아있다는 하늘의 계시를 듣는다. 부부는 재판관에게 이를 전하였다. 재판관은 부부를 비웃었다. 하지만 바로 그 순간, 재판관이 먹으려던 닭이 살아났다는 전설이다. 이후 성당에 닭 두 마리를 키우기 시작했는데 이 풍습은 오늘날까지 이어지고 있다.

순토 도밍고가 보이는 풍경

성당에서 닭 울음소리를 들으면 순례길에 좋은 일이 생긴다는 말이 있다. 성당에 들어가면 귀를 쫑긋 세워보자. 혹시 아는가? 당신이 행운의 주인공이 될지도. 대성당에는 박물관도 있으니, 있지 말고 둘러보자. 시간이 된다면 대성당의 종탑에도 올라가 보자. 종탑 투어는 유료이다.

성당 맞은편에는 스페인의 유적지를 개조해서 만든 국영 호텔 파라도르가 있다. 스페인은 곳곳에 옛 유적지의 내부를 개조해서 국영 호텔로 운영하고 있다. 중세와 현대적인 분위기의 조화가 인상적이다. 이곳에 머물며 색다른 분위기를 경험하는 것도 좋겠다. 🔵

산토 도밍고 대성당

산토 도밍고 마을

🏨 숙소 안내

🏨 Parador de Santo Domingo de la Calzada 산토 도밍고 파라드로 호텔

12세기 병원으로 사용되던 건물을 개조해서 호텔로 만들었다. 중세의 양식을 잘 살려서 실내가 무척 고풍스럽다. 특히 라운지의 분위기가 매력적이다. 내부에 레스토랑도 있다. 계절에 따라 숙박 비용이 다른데 약 150~200유로 정도이다. 부킹닷컴을 통해 예약할 수 있다. 이곳에서 숙박해도 세요를 받을 수 있다.

📍 Pl. del Santo, 3, 26250 Santo Domingo de la Calzada, La Rioja

📞 +34 941 340 300 ⓘ 시설 수준 상

🛏 Alfonso Peña 알폰소 페냐

방이 3개 있는 빌라이다. 방은 2인실이다. 순례길 중심에서 조금 벗어나 있다. 도착시간을 알려주면 호스트가 숙소를 친절하게 안내해 준다. 시설이 양호하고, 주방과 세탁기도 사용할 수 있다. 배낭 이동 서비스도 받을 수 있다. 2인실 가격은 58유로이다. 부킹닷컴과 왓츠앱으로 예약할 수 있다.

📍 Av. de Alfonso Pena, N°40, 26250 3°A, La Rioja

📞 +34 669 082 841 ⓘ 시설 수준 중

10 산토 도밍고 데 라 칼사다-벨로라도

거리 약 22.2km 소요 시간 5~6시간 난이도 하 풍경 매력도 상

오늘은 라 리오하주에서 카스티야 이 레온주로 넘어가는 날이다. 카스티야부터는 카미노를 알리는 화살
표 표식이 크고 자주 세워져 있어 길을 찾기 편리하다. N-120번 도로를 따라 평지를 걷는 쉬운 코스이다.
도로 양옆으로 밀밭이 넓게 펼쳐져 있다. 밀밭을 감상하며 여유롭게 걸어도 좋은 길이다.

상세경로

벨로라도
Belorado
도착

비야마요르 델 리오
Villamayor del Río

빌로리아 데 리오하
Viloria de Rioja

카스틸델가도
Castildelgado

레데시야 델 카미노
Redecilla del Camino

그라뇽
Grañón

산토 도밍고 데 칼사다
Santo Domingo de la Calzada
출발

4.9km 3.4km 2.0km 1.7km 4.0km 6.2km

그라뇽 전망대에서 본 풍경

코스 특징과 유의 사항 N-120번 도로 옆길을 걷는 구간이다. 대부분 평지이다. 광활한 평야가 양옆으로 펼쳐져 있다. 종종 마을이 나오지만, 쉬지 않고 천천히 걸어 통과해도 좋겠다. N-120번 도로는 길가 보행 도로가 따로 없다. 자동차를 조심하며 걷자. 대부분 평야 지대이므로, 그늘이 부족하다. 모자, 선글라스, 생수를 잘 챙기자.
포토 존과 가볼 만한 곳 그라뇽 마을 끝 전망대Mirador y faro del camino de Santiago

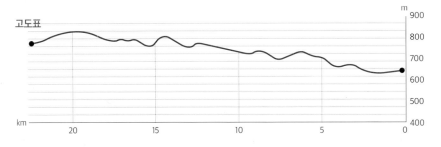

🐚 산토 도밍고의 구시지를 나와 다리Puente de Santo Do-
mingo de la Calzada를 건넌다. N-120번 도로 옆 흙길을 걸
으면 그라뇽에 도착한다. 마을 끝에 전망대Mirador y faro del
camino de Santiago가 있다. 완만한 밀밭 언덕이 물결치듯 이
어진다. 끝없이 펼쳐진 풍경이 무척 아름답다. 이곳에서는 누
구나 카메라를 들게 된다.

그라뇽 마을을 나와 경작지 사이를 걸어가면 카스티야 이 레
온주에 들어왔음을 알리는 높은 표지판Limite entre La Rioja y
Castilla y León이 반겨준다. 표지판을 지나면 다음 마을인 레
데시야 델 카미노가 보인다. 마을 입구의 N-120번 도로를 건
넌다. 철로 만든 순례자 동상을 지나 마을을 통과한다. 다시
N-120번 국도 옆 흙길을 따라 2km쯤 더 가면 카스틸델가도
라는 작은 마을이 나타난다. 천천히 마을을 통과하여 다시
N-120번 도로 옆 흙길을 걷는다.

N-120번 도로를 따라 1km 정도 걷다가 왼쪽 길로 들어가면
저 멀리 빌로리아 데 리오하 마을이 보인다. 이 마을은 어제

그라뇽 가는 길, 용감한 자들의 십자가 앞

빌로리아 데 라 리오하 앞길

그라뇽 전망대에서 본 풍경

이야기한, 산토 도밍고 가르시아의 출생지이다. 그는 원래 소와 양을 키우는 목동이었으나 훗날 어제 머문 산토 도밍고라는 마을을 일구었고, 마침내 성인의 반열에 올랐다. 빌로리아 데 리오하 마을을 나와 N-120번 도로 옆 흙길을 약 2km 걸으면 비야마요르 델 리오 마을에 도착한다.

마을을 나와 다시 N-120번 국도 옆 흙길을 따라 걷는다. 약 5km 더 걸으면 오늘의 목적지인 벨로라도에 도착한다. 마을은 조용하다. 마을 초입에 성당Iglesia de Santa Maria이 있고 중심 광장Plaza Mayor 주변으로 식당과 상가들이 모여 있다. 광장에서 멀지 않은 곳에 알베르게를 함께 운영하는 돼지 등갈비 맛집Albergue de peregrinos Cuatro Cantones이 있다. 잔디밭과 수영장을 갖추고 있어서 많은 순례객이 찾는다. 🔵

1 빌로리아 데 라 리오하 시청 앞 산토 도밍고 조각상 2 카스티야 이 레온을 알리는 표시판 3 벨로라도 벽화

🏛 숙소 안내

🛏 **Albergue Cuatro Cantones** 알베르게 콰트로 칸토네스

마을 중심에 있는 제법 큰 숙소이다. 알베르게 앞에 순례자 동상이 있어서 찾기 쉽다. 4인실부터 20인실까지 숙소 타입이 다양하다. 단체 순례객도 많이 찾는다. 함께 운영하는 식당은 맛집으로 유명하다. 대표 메뉴는 스페인식 돼지 등갈비Costilla. Barbacoa, 곧 폭립이다. 뒤쪽 마당에 잔디밭과 수영장이 있다.

📍 C. Hipólito López Bernal, 10, 09250 Belorado, Burgos

📞 +34 947 580 591 ⓘ 시설 수준 중

☰ https://www.cuatrocantones.com/

🛏 **A Santiago Hotel-Belorado**
아 산티아고 호텔 벨로라도

벨로라도 마을 초입에 있다. 규모가 꽤 크다. 입구에 만국기를 걸어 놓아 쉽게 눈에 띈다. 야외 수영장, 큰 식당도 함께 운영한다. 시설이 조금 오래된 느낌을 준다. 숙소는 단층 침대로 이루어져 있다. 룸 타입은 다양하다. 4인실 가격은 15유로이다. 부킹닷컴으로 예약할 수 있다.

📍 Camino de los Paules, Cam. Redoña, s/n, 09250 Belorado, Burgos

📞 +34 677 811 847 ⓘ 시설 수준 중하

☰ http://www.a-santiago.es/

11 | 벨로라도-아헤스

거리 약 28.0km 소요 시간 7~8시간 난이도 중 풍경 매력도 중

11일 차 초반은 N-120번 도로를 따라 흙길을 걷는다. 도로 양옆은 끝없이 펼쳐진 밀밭이다. 길은 평이하지만, 시원한 밀밭 풍경의 지루함을 달래준다. 코스 중반에 해당하는 비야프랑카 몬테스 데 오카Villafranca Montes de Oca까지 밀밭을 감상하며 걷는다. 이곳을 지나면 산 후한 데 오르테가San Juan de Ortega까지 10km 남짓 소나무 숲길을 걷는다.

상세경로

벨로라도
Belorado
출발

토산토스
Tosantos
1.8km

5.0km

비얌비스티아
Villambistia
1.6km

에스피노사 델 카미노
Espinosa del Camino
3.6km

산 후한 데 오르테가
San Juan de Ortega
9.0km

3.2km

도착

아헤스 Agés
3.8km

죽은 자를 위한 기념비

비야프랑카 몬테스 데 오카
Villafranca Montes de Oca

아헤스가 보이는 풍경

코스 특징과 유의 사항 코스 후반부인 산 후한 데 오르테가를 지나면 갈림길이 나온다. 가운데 숲으로 들어가는 흙길을 선택한다. 그래야 오늘의 목적지인 아헤스Agés로 갈 수 있다. 갈림길은 부르고스에서 다시 만난다. 비야프랑카 몬테스 데 오카에서 산 후한 데 오르테가까지 약 13km는 마을이 없다. 당연히 식당이나 바를 만날 수 없다. 중간에 도네이션 가판대가 하나 있다. 과일과 음료를 제공하는데 주인이 매우 흥이 많다. 비야프랑카에서 출발하기 전에 충분히 쉬는 게 좋다. 생수도 잘 챙기자.

포토 존과 가볼 만한 곳 죽은 자를 위한 기념비

고도표

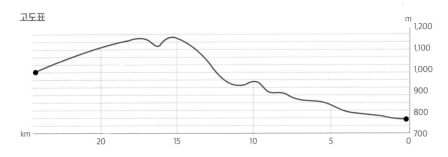

🐚 벨로라도를 빠져나와, 어제와 마찬가지로 N-120번 도로를 따라 난 옆길을 걷는다. 토산토스와 비얌비스티아를 차례로 지난다. 얼마 후 N-120번 도로를 건너 에스피노사 델 카미노에 도착한다.

에스피노사 델 카미노를 벗어나 다시 도로 옆 흙길을 걸어간다. 약 1.5km를 걸으면 비야프랑카 몬테스 데 오카 마을에 도착한다. 마을 초입의 바에서 휴식하며 생수를 보충한다. 바를 지나 초입의 성당Iglesia de Santiago Apóstol에서 오른쪽 오르막길로 꺾는다. 호스텔Hotel Restaurante San Antón Abad을 지나 마을을 빠져나간다. 곧이어 오르막이 시작된다. 여기서부터는 소나무 숲길을 걷게 된다. 숲길은 약 13km 가까이 이어진다.

비야프랑카 몬테스 데 오카부터 산후안 데 오르테가까지는 마을이나 휴식할 수 있는 바가 없다. 다행히 죽은 자를 위한 기념비 Monumento La Pedraja를 지나면 도네이션 가판대를 만날 수 있다. 주인이 매우 흥겹고 친절하다.

'죽은 자를 위한 기념비'는 1936년 스페인 내전에서 전사한 사람들을 추모하기 위해 세운 비석이다. 프랑코 정권에 맞서 격렬하

1

2

1 비아프랑카 몬테스 데 오카를 지나면서 2 토산토스 가는 길
3 죽은 자를 위한 비석 4 비야프랑카로 가는 순례자들

도네이션 간판대를 지나서 산 후안 데 오르테가로 가는 길

게 저항한 반군은 점차 내전에서 밀리면서 숲으로 숨어들었는데 이곳도 그중 한곳이다. 기념비를 지나면 경사가 심한 내리막길과 오르막길을 번갈아 지난다. 이윽고 길은 산 후한 데 오르테가 마을로 들어간다. 작고 오래된 마을이다.

벨로라도에서 산 후한 데 오르테가까지 거리가 약 25km이다. 오늘 일정을 이곳에서 마치는 순례자들도 있다. 마을 입구에 엘 데스칸소 데 산후안El Descanso de San Juan 이라는 바가 있다. 피자가 맛있는 곳이다. 알베르게도 함께 운영한다. 순례자들은 이 곳에 투숙하거나 수도원에서 운영하는 알베르게Capilla de San Nicolás를 이용한다. 이 곳에도 바가 있다.

산 후한 데 오르테가 마을을 나오면 두 갈래 길이 나온다. 가운데 흙길을 걸어 숲으로 들어간다. 이 길로 가야 오늘 목적지인 아헤스로 갈 수 있다. 아헤스는 작고 예쁜 마을이다. 내친김에 2.5km를 더 걸어 다음 마을인 아타푸에르카Atapuerca까지 가는 순례자도 있다. 하루에 31km를 걷는 셈이다.

숙소와 맛집 안내

Albergue Fagus 알베르게 파구스

아헤스 마을 초입에 있다. 식당도 함께 운영한
다. 숙소가 깨끗하고 시설도 좋다. 2층 나무 침
대이며, 4인실 가격이 15유로이다.

⊙ Adobera,14-16, 09199 Agés, Burgos

📞 +34 647 312 996

ⓘ 시설 수준 상

≡ http://www.alberguefagus.com/

Albergue "El Peregrino" Atapuerca

알베르게 엘 페레그리노 아타푸에르카텔 벨로라도

아타푸에르카에 있는 알베르게이다. 넓은 잔디 마당이 있어
서 휴식하기 좋다. 침대는 이층 철제 침대이다. 시설은 조금
낡은 편이다. 가격은 12유로이다. 주인은 매우 친절하고 주
방을 사용할 수 있다. 와이파이가 불편하다. 2인실도 있다.

⊙ C. Cam. de Santiago, 25, 09199 Atapuerca, Burgos

📞 +34 661 580 882 ⓘ 시설 수준 하

≡ http://www.albergueatapuerca.com/

La Rústica Caravan-Bar

라 루스티카 카라반 바

아헤스 마을에 있는 햄버거 맛집이다. 케이크,
맥주, 와인도 즐길 수 있다. 동네 사람들도 많
이 찾는다.

⊙ C. del Medio, num 5, 09199 Agés, Burgos

📞 +34 675 161 846

12 | 아헤스-부르고스
거리 약 22.5km 소요 시간 5~6시간 난이도 하 풍경 매력도 중

팜플로나, 부르고스, 레온은 산티아고 순례길을 대표하는 도시이다. 오늘은 부르고스에 입성하게 된다. 아타푸에르카를 지나 나무 십자가가 있는 언덕까지 오르막을 올라간다. 이후부터는 언덕을 내려와 평이한 길을 걷는다. 부르고스 비행장을 돌아서 시내로 들어간다. 부르고스 대성당이 종착지이다. 22.5km, 오늘은 코스 길이가 짧다.

상세경로

아타푸에르카 마을이 보이는 도로

코스 특징과 유의 사항 아헤스에서 아타푸에르카까지는 도로를 따라 걷는다. 평이하고 쉬운 길이다. 마을을 빠져나오면 오르막이 시작된다. 나무 십자가상을 지나면 내리막이다. 오르막과 내리막의 경사가 심하고 잔돌이 많다. 미끄러지거나 발목을 삐기 쉽다. 조심하면서 걷자. 등산 스틱을 이용하면 편리하다. 카르데뉴엘라 리오피코와 오르바네하 리오피코를 지나면 부르고스 공항 외곽이 나온다. 비행장 외곽을 지나는 길은 조금 지루하다. 동서로 긴 부르고스 시내를 걸어 대성당까지 간다.

포토 존과 가볼 만한 곳 언덕 위 나무 십자가, 부르고스 대성당, 부르고스 마요르 광장

고도표

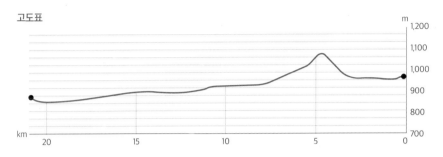

🐚 아헤스 마을을 나와 포장도로를 걷는다. 아타푸에르카는 원시인의 유적이 발견된 마을이다. 마을 끝에서 왼쪽 언덕으로 이어지는 흙길을 따라 올라간다. 정상에 나무로 만든 십자가Cruz de Atapuerca가 서 있다. 이후부터는 내리막이다. 언덕을 오르고 내려올 때 경사가 심한 편이다. 자갈이 많으므로 넘어지거나 발목을 삐지 않게 조심하자. 언덕을 내려오면 넓게 펼쳐진 평야가 기다린다. 포장된 평탄한 길이 이어진다. 카르데뉴엘라 리오피코에 가까워지면 태극기가 그려진 알베르게 광고 버스를 만난다. 마을 초입의 카페테리아Bocateria에서 휴식을 취할 수 있다.

카르데뉴엘라 마을을 나오면 평야와 포장도로가 이어진다. 2km 정도 걸으면 오르바네하 리오피코 마을이 나온다. 오르바네하 마을을 지나 고가다리를 통해 AP-1 고속도로를 넘는다. 조금 직진하면 부르고스 공항 외곽이 나온다. 비행장을 돌아가는 길이 다소 지겹게 느껴진다.
비행장을 돌아 N-1번 도로를 따라 부르고스 외곽의 공장지대를 걷는다. 공장지대를 직

카르데뉴엘라 리오피코 가는 길

아타푸에르카를 지나 만나는 나무 십자가

진해서 통과하면 사거리 코너에 맥도널드 매장이 보인다. 이곳부터 주택가와 상가가 밀집한 도심으로 접어든다. 카미노 표식과 부르고스 대성당의 위치를 보면서 길을 잃지 않도록 주의한다.

부르고스는 큰 도시이다. 이곳에서 이틀을 묵는 순례자도 많다. 하루 더 쉬면서 몸과 마음을 정비한다.
부르고스는 중세 카스티야 왕국의 수도였다. 덕분에 구경할 곳이 많

부르고스의 산타 마리아 다리 앞

다. 마요르 광장, 부르고스 대성당, 산타마리아 성당이 지근거리
에 모여 있다. 부르고스 대성당은 스페인 3대 성당 중 하나이다.
1221년 알폰소 10세의 후원으로 200년에 걸쳐 지어진 고딕 성
당이다. 성당 내부에도 볼 것이 많다. 1984년 유네스코 세계 문
화유산으로 등재되었다.

부르고스 대성당에서 번화가 쪽으로 조금 내려오면 떡볶이를 판
매하는 아시안 음식 식당Tora Street Food도 있다. 조금 멀리엔 웍
WOK이라는 아시아 뷔페도 있다. 한식 타파스를 판매하는 '두 번
째 소풍2° Sopung'이라는 식당이 최근 오픈하였다. 오랜만에 한
식을 즐길 수 있게 되었다. 대성당 옆 공립 알베르게가 있다. 배낭
이동 서비스를 신청했다면 알베르게 입구 바로 앞에 있는 바비
아 부르고스Bar Babia Burgos에서 찾을 수 있다. 또 신청하고 싶다
면 아침에 이곳에 맡기면 된다. 🏛️

부르고스 대성당 앞 광장의 순례자 동상

🏨🍴🛍 숙소·맛집·숍 안내

🛏 Albergue Municipal de Burgos
알베르게 무니시팔 데 부르고스

부르고스 대성당 인근에 있다. 입지가 매우 좋다. 공립이지만 시설
도 무척 양호하다. 12시 오픈하여 선착순으로 순례자를 받는다. 오
픈 전에 도착하면 배낭을 입구 앞에 순서대로 놓아두고 바에서 쉬
거나 주변을 구경할 수 있다. 숙박비는 10유로이다.
📍 C. de Fernán González, 28, 09003 Burgos
📞 +34 947 460 922 ① 시설 수준 상

🍴 Tora Street Food 토라 스트리트 푸드

부르고스 대성당과 마요르 광장 사이에 있는 아시아 음식점이다.
만두, 치킨, 볶음면 등을 즐길 수 있다. 떡볶이도 판매한다.
📍 C. Paloma, 3, 09003 Burgos
📞 +34 947 252 679

🍴 2° Sopung-Comida Coreana 두 번째 소풍

24년 4월에 오픈한 한식당이다. 부르고스 버스터미널 근처에 있다. 삼겹살, 비빔밥, 잡채, 김밥, 김치찌개, 만두,
떡볶이 등을 판매한다. 마요르 광장에서 걸어서 7분, 부르고스 대성당에서 도보로 8분 걸린다.
📍 C. Calera, 31, 09002 Burgos 📞 +34 947 090 395
① 영업시간 목~토 12:00~16:00, 19:00~23:00 화~수 12:00~16:00

🍴 UDON Burgos 우돈 부르고스

부르고스 대성당 앞 레이 산 페르난도 광장Plaza Rey San Fernando 부근에 있는 아시안 레스토랑이다. 볶음면,
만두, 어묵탕 등을 즐길 수 있다. 📍 Pl. Rey San Fernando, 4, 09003 Burgos 📞 +34 947 275 196

🍴 Hong Kong 홍콩

부르고스 대성 앞 산타 마리아 다리Puente Santa Maria 건너에 있는
중식당이다. 부르고스 버스터미널 서쪽 길 건너이다.
📍 Calle Madrid, 4, 09002 Burgos
📞 +34 947 250 357

🛍 Tora Market 토라 마켓

대성당 동쪽 마요르 광장에 있는 슈퍼이다. 한국 라면과 과자류 및 식료품을 판매한다.
📍 C. de Lain Calvo, 6, 09003 Burgos 📞 +34 947 293 443

13 | 부르고스-오르니요스 델 카미노

거리 약 21.9km 소요 시간 5~6시간 난이도 하 풍경 매력도 상

부르고스부터 레온까지 약 180km는 해발 700~900m의 중앙 고원 지대, 즉 메세타 구간이다. 고원 지대는 오늘 중반부에 만나게 되는 라베 데 라스 칼사다스Rabé de las Calzadas를 지나면서 시작된다. 라리오하 지역이 유명한 와인 생산지였다면 메세타 구간은 밀밭이 끝없이 펼쳐지는 평지이다. 피레네산맥과 메세타 구간, 그리고 앞으로 걷게 될 프로마스타 길이 카미노에서 가장 아름답고 인상 깊은 구간이다.

상세경로

오르니요스 델 카미노
Hornillos del Camino
도착

7.8km

2.2km

타르다호스
Tardajos

라베 데 라스 칼사다스
Rabé de las Calzadas

11.9km

부르고스
Burgos
출발

오르니요스 델 카미노 가는 길

코스 특징과 유의 사항 부르고스 대학교를 지나면서 도시를 벗어난다. 메세타의 아름다운 풍경을 감상하며 걷는 쉬운 길이다. 지형도 단순하고 고도 차이도 거의 없다. 오늘은 구간도 짧다. 풍경이 아름답지만, 넓은 밀밭 사이를 걷기 때문에 그늘진 곳을 찾기 힘들다. 모자를 쓰고 선크림 바르는 걸 잊지 말자. 충분한 생수도 준비하자.
포토 존과 가볼 만한 곳 오르니요스 델 카미노 전망대 Mirador de "Horinillos del Camino" 목적지 도착 전에 만나는 언덕 위 포토 존

고도표

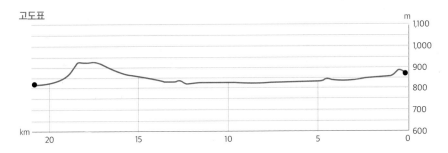

🐚 부르고스의 공립 알베르게에서 숙박했다면 오른쪽으로 대성당 뒷길을 따라 걷기 시작한다. 도심을 벗어나 부르고스 대학교와 외곽 주택단지를 지나면 시골길로 접어든다. 철도 밑 지하도를 통과하여 왼쪽 길로 가다가 BU-600 도로 고가다리를 건넌다. BU-30과 A-231번 도로의 지하도를 한 번 더 통과하여 N-120 도로 옆 흙길을 따라 걸어가면 타르다호스Tardajos에 도착한다. 타르다호스 마을에 도착하면 도로 건너편에 프루테리아 요카테리아 욜리Bar Frutería Bocatería Yoli라는 바가 보인다. 이곳에서 왼쪽 길을 선택한다. 이윽고 길가에 몇 그루 나무가 보인다. 이곳에서 마을로 들어간다. 골목 초입 오른쪽 코너에 조그만 동네 빵집 Panadería Ordóñez, SL이 보인다.

마을을 벗어나 우르벨강Rio Urbel을 건너 포장된 길을 걸으면 다음 마을인 라베 데 라스 칼사다스가 나온다. 마을 끝에 있는 성당 Ermita de la Virgen de Monasterio과 공원묘지를 지나면 넓게 펼쳐진 밀밭이 나타난다. 완만한 오르막이 시작된다.

라베데 라스 칼사다스 마을 성당

타트다호스 가는 길

오르니요스가 보이는 전망대의 포토 존

오르니요스 가는 길

오르니요스 마을

오르니요스 마을 중심의 성당 앞

긴 밀밭 언덕을 다 오르면 오늘의 목적지 오르니요스 델 카미노가 시야에 들어온다. 오르니요스 델 카미노 전망대Mirador de Horinillos del Camino이다. 멋진 포토 존이다. 밀밭 풍경과 부드럽게 곡선을 그리며 마을로 들어가는 순례길이 그림처럼 아름답다. 멋진 사진을 남겨보자.

언덕을 다 내려오면 평지에 자리를 잡은 아늑한 마을 오르니요스 델 카미노가 반겨준다. 마을 북쪽에 아담한 산타 마리아 성당이 있다. 마을 중앙과 끝 쪽에 바와 식당이 있다. 13일 차 구간은 비교적 짧고 걷기 쉬운 코스이다. 이런 까닭에 11km를 더 걸어 온타나스까지 가는 순례자도 제법 많다.

🛏 숙소 안내

🛏 Albergue Hornillos Meeting Point 알베르게 오르니요스 미팅 포인트

시설이 매우 깨끗하다. 주인은 매우 친절하고 한국어로 된 설명서도 있다. 침대는 이층 철제 침대이다. 가격은 14유로이다. 개인 사물함이 있다. 주방은 없으며, 저녁을 신청하면 파에야를 먹을 수 있다. 잔디밭에서 휴식하고 빨래를 말리기 좋다.

📍 C. Cantarranas, 3, 09230 Hornillos del Camino, Burgos

📞 +34 608 113 599 ⓘ 시설 수준 중 ☰ http://www.hornillosmeetingpoint.com/

14 | 오르니요스 델 카미노-카스트로헤리스

거리 약 19.5km 소요 시간 5~6시간 난이도 하 풍경 매력도 중

메세타 평야를 걷는 비교적 쉬운 구간이다. 산볼, 온타나스, 산 안톤 수도원을 거쳐 카스트로헤리스에서 14일 차 닻을 내린다. 산 안톤 수도원은 아치가 아름답다. 오늘의 목적지인 카스트로헤리스Castrojeriz는 중세 때 전략적 요새였다. 마을의 산에는 아직도 폐허가 된 성이 남아있다.

상세경로

카스트로헤리스
Castrojeriz
도착 ⟶ 3.3km ⟶ 5.6km ⟶ 온타나스 Hontanas ⟶ 4.8km ⟶ 산볼 San Bol ⟶ 5.8km ⟶ 오르니요스 델 카미노 Hornillos del Camino 출발

산 안톤 수도원
Convento de San Antón

N
W · E
S

온타나스 마을 입구

코스 특징과 유의 사항 메세타 평야의 한적한 풍경을 감상하며 걷는 구간이다. 걷기 어려운 구간이 없고 거리
도 짧다. 끝없이 펼쳐진 평야를 걷다 보면 고독감이 들어 다소 힘들 수 있다. 메세타 구간은 대부분 그늘이 없
는 구간이다. 모자와 생수, 선글라스를 준비하고 선크림 바르는 걸 잊지 말자.
포토 존과 가볼 만한 곳 산 안톤 수도원, 카스트로헤리스 성, 산토도밍고 교구 성당

고도표

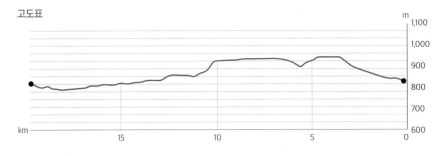

🐚 오르니요스 델 카미노를 나와 완만한 오르막과 평지를 걷는다. 길옆으로 밀밭이 이어진다. 약 6km 정도 걸으면 산볼이다. 마을이 있는 건 아니고, 길 왼쪽에 알베르게 하나가 덩그러니 있다. 주변은 온통 밀밭이다. 길은 쭉 평지가 이어진다. 그러다가 내리막이 시작되면 저 앞으로 낮은 지대에 포근하게 누운 온타나스Hontanas가 평화롭게 다가온다. 노란 조가비와 화살표가 그려진 큰 돌 두 개가 마을 초입에 서서 순례자를 반겨준다. 마을 중심부의 성당Iglesia de Nuestra Señora de la Concepción에서 음악 소리가 흘러나와 은은하게 퍼진다. 음악 소리에 이끌려 성당 안으로 들어간다.

마을을 나와 흙길을 걷다 보면 오른쪽 언덕에 폐혜가 된 탑처럼 생긴 벽체가 보인다. 산 비센테 성당이었는데 지금은 모퉁이의 벽체가 탑처럼 남아있다. 이곳을 지나 한참 걸으면 고딕양식의 큰 아치가 보인다. 산 안톤 아치Antiguo convento de San Antón이다. 옛 수도원 유적이다. 아치는 수도원의 출입문이었다. 이곳을 지나가는 배고픈 순례자들을 위해 문 앞 선반에 음식을 놓아두었다고 한다. 중세에는 수도원이 병원 역할도 했다. 옛 수도원의 일부를 지금은 순례자들의 도네이션 알베르게로 운영하고 있다.

도로 옆으로 난 길을 따라 걸어가면 멀리 산 위에 성이 있는 마을이 보인다. 이곳이 오늘 목적지인 카스트로헤리스다. 온타나스에서 출발한 순례자들은 이

카미노 비석

산 안톤 수도원

카스트로헤리스 가는 길

카스트로헤리스 입구

곳을 지나 프로미스타Frómista까지 가기도 한다. 마을은 산을 중
심으로 곡선을 그리며 길게 형성되어 있다. 산 정상에 지금은 폐
허가 된 성Castillo de Castrojeriz이 있다. 옛 성터에 꼭 올라가 보길
추천한다. 이곳에서 내려다보는 풍경이 압권이다. 오렌지색 마을
지붕과 성당의 종탑과 푸르게 펼쳐지는 초원이 감탄사가 나올 만
큼 아름답다. 아래에서 보면 높아 보여도 어렵지 않게 올라갈 수
있다. 다만, 바람이 매우 심하므로 주의하자.

카스트로헤리스는 국토 회복 운동 시기레콩키스타, Reconquista, 8
세기~15세기에 가톨릭 세력과 무어인 사이에 많은 전투가 벌어진
지역이다. 이 지역이 전략적으로 중요했기 때문이다. 카스트로헤
리스는 이때 요새로 만들어졌다. 동시에 이곳엔 중세부터 순례
자들을 돕는 병원이 있었다. 카스트로헤리스는 전략적으로, 종
교적으로 두루 중요한 역할을 했다. 마을 중심에 산토도밍고 성
당이 있다. 마을 초입엔 반갑게도 한국인이 운영하는 알베르게
Albergue Orion가 있다. 한국 음식도 판매한다.

카스트로헤리스의 산토 도밍고 성당

숙소 안내

🛏 Albergue Rosalia 로살리아 알베르게

마을 중심에 있고 시설이 깨끗하다. 1층 침대로 구성돼 있고, 침대 사이 간격이 넓어서 좋다. 주방을 사용할 수 있고, 라면을 판매한다. 알베르게 앞에 맛있는 식당들이 있다. 주인도 매우 친절하다.

📍 C. Cordón, 2, 09110 Castrojeriz, Burgos 📞 +34 637 765 779
ⓘ 시설 수준 상 ≡ http://www.alberguerosalia.com/

🛏 Albergue Orion 오리온 알베르게

마을 초입에 있다. 시설이 깨끗하다. 무엇보다 한국인이 운영하기에 언어 소통이 원활해서 좋다. 점심때엔 라면과 김밥을 판매하고, 저녁엔 비빔밥 예약을 받는다. 음식이 맛있다. 침대는 철제 이층 침대이다. 가격은 13유로이다.
📍 Cam. Trascastillo, 4, 20, 09110 Castrojeriz, Burgos
📞 +34 649 481 609
ⓘ 시설 수준 상

15 | 카스트로헤리스-프로미스타
거리 약 25.4km 소요 시간 6~7시간 난이도 중 풍경 매력도 상

산티아고 순례길에서 아름다운 코스 중 하나인 카스티야 수로Canal de Castilla Ramal Norte를 걷는 구간
이다. 초반부의 모스텔라레스 언덕의 전망대에서 바라보는 마을 풍경과 메세타의 넓은 초원, 그리고 카
스티야 수로 풍경이 눈과 마음을 즐겁게 한다. 피수에르가강Rio Pisuerga을 건너 부르고스 주에서 팔렌시
아 주로 넘어가는 구간이기도 하다.

상세경로

이테로 데 라 베가
Itero de la Vega

프로미스타
Frómista

카스트로헤리스
Castrojeriz

도착 5.9km 8.1km 11.4km 출발

보아디야 델 카미노
Boadilla del Camino

N
W—E
S

엘 오트로 전망대에서 본 평야

코스 특징과 유의 사항 카스트로헤리스를 나오면 높고 가파른 모스텔라레스 언덕Mirador del Alto de Mostelares 이 보인다. 약 100m의 가파른 언덕이 위압감을 준다. 경사가 급하므로 오르내릴 때 조심하자. 스틱을 사용하면 훨씬 수월하다. 나머지 구간은 평탄하고 아름답다. 메세타 구간 특유의 넓은 초원이 펼쳐진다. 후반부에 보아디야 델 카미노를 지나 프로미스타까지 수로를 따라 걷는다. 수변 풍경이 지금까지와 전혀 다르다. 독특하고 아름답다.

포토 존과 가볼 만한 곳 모스텔라레스 언덕 전망대Mirador del Alto de Mostelares, 엘 오트로 전망대 포토 존 El Otro Mirador(Al Oeste), 카스티야 수로Canal de Castilla Ramal Norte, 프로미스타의 산 패드로 성당Iglesia de San Pedro de Frómista

고도표

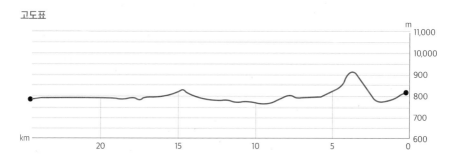

🐚 카스트로헤리스를 나와 오드리야강Rio Odra U Odrilla의 바르세나 다리Puente de Bárcena를 건너면 모스텔라레스 언덕Mirador del Alto de Mostelares이 앞을 가로막는다. 여기서부터 1.5km 정도의 오르막이 오늘 가장 힘든 구간이다. 언덕에 올라 뒤돌아보면 카스트로헤리스 마을이 발아래 펼쳐져 있다. 해 뜰 즈음 올라오면 멋진 일출을 감상할 수 있다.

내리막길에서 바라보는 넓은 평야가 멋있다. 엘 오트로 전망대 El Otro Mirador (Al Oeste)에서 촬영하면 여행 엽서 같은 멋진 사진을 얻을 수 있다. 평야 지대를 한참 걸어가다 피오호 샘터 휴게소 Fuente del Piojo에서 잠시 땀을 식히자. 다시 걸어 산 니콜라스 성당Ermita de San Nicolás을 지나면 부르고스주에서 팔렌시아주로 넘어가는 경계인 피수에르강Rio Pisuerga이 나온다. 이테로 다리를 건너면 오른쪽에 팔렌시아주 표시판이 보이고, 이 길을 따라 쭉 가면 이테로 데 라 베가Itero de la Vega 마을이 나온다.

모스텔라레스 언덕을 걷는 순례자

모스텔라레스 언덕으로 가는 길

1 모스텔라 언덕 위에서 2 보아디애 델 카미노 가는 길 3 이테로 데 라 베가 가는 길

마을을 나오면 다시 밀밭이 펼쳐진다. 8km의 밀밭 평원을 통과해 보아디야 델 카미노Boadilla del Camino로 들어간다. 마을 안쪽에 산타 마리아 성당Church of Santa Maria과 중세에 세워진 고딕 양식 돌기둥Rollo de Justicia이 있다. 지금은 작고 조용한 마을이지만, 중세 때는 순례자 병원을 운영할 만큼 큰 도시였다.

마을을 나와 왼쪽 길로 접어들면 카스티야 수로Canal de Castilla Ramal Norte가 나온다. 카미노에서 가장 아름다운 길 중의 하나이다. 수로를 따라 매시간 보트가 왕복 운항한다. 수로는 로마 시대부터 18세기까지 농작물을 운송하는 수단이었다. 요즈음은 농업용으로 사용한다. 수로를 따라가면 오늘의 목적지인 프로미스타에 도착한다.

카스티야 수로

프로미스타Frómista를 둘러싸고 있는 밀밭은 중세 시대부터 스페인의 대표적인 곡창지대였다. 11세기에 로마네스크 양식으로 지은 산 마르틴 성당San Martín de Frómista과 마을 중심에 있는 산 페드로 성당Iglesia de San Pedro de Frómista 주변에 순례자 숙소와 음식점이 모여 있다. 산 페드로 성당 건너편 작은 공원에 있는 엘 치링기토 델 카미노El Chiringuito Del Camino는 돼지갈비 맛집이다. 양고기로 소문난 식당Restaurante Asador Villa De Frómista도 성당에서 멀지 않은 곳에 있다.

프로미스타 산 페드로 성당

🏨🍴 숙소와 맛집 안내

🛏 Albergue Luz de Frómista 루스 데 프로미스타 알베르게

산 페르도 성당 바로 건너편에서 있다. 위치도 좋고, 순례길
코스에서도 가깝다. 주인이 매우 친절하다. 침대는 이층 철제
침대로 가격은 13유로이다. 개인 사물함이 있다. 햇빛 좋은
날 뒷마당에 빨래를 널면 아주 잘 마른다. 왓츠앱으로 예약하
면 답변이 빨리 온다.

📍 Av. del Ejército Español, 10, 34440 Frómista, Palencia
📞 +34 635 140 169 ⓘ 시설 수준 중

🛏 Eco Hotel Doña Mayor 에코 호텔 도냐 마요르

프로미스타 마을 북동쪽에 있는 3성급 호텔이다. 2층으로 규모가 아담하지만 시설이 좋다. 1층은 로비와 식당
등이 있고, 객실은 2층에 있다. 객실마다 테라스가 있다. 화장실은 깨끗하고, 침대는 편안하다. 직원들이 친절
하다. 작은 수영장과 선베드도 갖췄다. 가격이 높은 편이다.

📍 C. Francesa, 31, 34440 Frómista, Palencia 📞 +34 630 224 369 ⓘ 시설 수준 상

🛏 Albergue Estrella Del Camino
에스트렐라 델 카미노 알베르게

마을 북쪽에 있다. 시설이 낙후되고 방에 햇빛이 잘 들지 않
는다. 주인도 사무적이고 불친절한 편이다. 주방 시설은 없
다. 의자와 테이블이 놓인 제법 넓은 잔디 마당이 있다. 마당
에서 쉬기 편하다.

📍 Avenida Ejército Español, s/n, 34440 Frómista, Palencia
📞 +34 979 810 399 ⓘ 시설 수준 하

🍴 El Chiringuito Del Camino 엘 치링기토 델 카미노

산 페드로 성당 건너편 작은 공원 옆에 있다. 순례자 메뉴 중 돼지갈비(폭립)를 갖춘 맛집이다. 양도 많고 가격
도 합리적이다. 주인도 매우 친절하고 한국 메뉴판도 있어서 주문하기 쉽다. 부르고스 순대, 연어구이와 채식
주의자를 위한 메뉴도 있다. 📍 Pl. San Telmo, 2, 34440 Frómista, Palencia 📞 +34 606 363 554

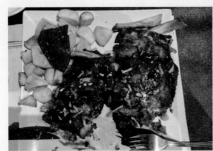

16 | 프로미스타-카리온 데 로스 콘데스

거리 약 18.8km 소요 시간 5~6시간 난이도 하 풍경 매력도 중

오늘은 P-980번 도로 옆길을 걷는다. 경사가 없는 길이다. 도로 양옆으론 평야가 넓게 펼쳐진다. 오늘 구간이 짧지만, 다음 마을까지 17.5km 더 가야 하므로, 순례자 대부분이 카리온 데 로스 콘데스에서 하루를 마감한다. 수녀들이 운영하는 알베르게가 유명한 마을이다. 마을이 꽤 크다.

상세경로

카리온 데 로스 콘데스
Carrion de Los Condes
도착

비얄카사르 데 시르가
Villalcázar de Sirga

4.1km

5.5km

비야르멘테로 데 캄포스
Villarmentero de Campos

레벤가 데 캄포스
Revenga de Campos

2.2km

3.6km

프로미스타
Frómista
출발

포블라시온 데 캄포스
Población de Campos

3.4km

카리온 데 로스 콘데스 입구

코스 특징과 유의 사항 도로를 따라 계속 직진하면 된다. 다소 지루할 수 있으나 다행히 거리가 짧다. 첫 번째 마을 포블라시온 데 캄포스가 끝나는 곳에 놓인 다리를 건너기 전 갈림길이 나온다. 오른쪽으로 가면 시골길이 나오고, 다리를 건너면 P-980번 도로 옆길을 걷게 된다. 다리를 건너 P-980번 도로를 따라 걷길 추천한다. 이 길이 시골길보다 약 1km 단축할 수 있다. 두 길은 10km 떨어진 비얄카사르 데 시르가에서 다시 만난다. 가는 내내 그늘이 거의 없다. 선크림을 잘 바르자. 모자와 선글라스를 챙기고, 생수를 충분히 준비하자.

포토 존과 가볼 만한 곳 카리온 데 로스 콘데스의 산타 마리아 델 카미노 성당, 카리온 데 로스 콘데스의 산 소일로 수도원호텔과 박물관 운영

고도표

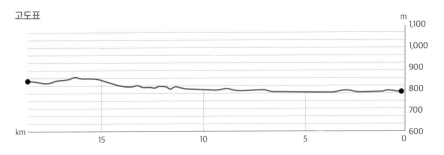

🐚 프로미스타 마을을 빠져나와 P-980번 도로를 따라 걷는다. 고가다리와 로터리를 지난다. 계속 걷는다. 3.5km 정도 가면 첫 번째 마을인 포블라시온 데 캄포스Población de Campos가 나온다. 마을이 끝나는 지점에 다리를 건너기 전 갈림길이 나온다. 계속 직진하는 길을 추천한다. 도로를 따라 걷는 게 지루하다면 다리를 건너지 말고 오른쪽 시골길로 접어든다. 두 길은 비알카가르 데 시르가Villalcázar de Sirga에서 만난다. 다리를 건너 걸으면 거리가 1km 정도 짧다.

포블라시온 가는 길

도로를 따라 계속 직진하는 단순한 길이지만, 봄에는 푸른색 평원을, 가을엔 노란 메세타 평원을 보며 걸을 수 있다. 포블라시온 데 캄포스 마을에서 약 4km를 가면 레벤가 데 캄포스Revenga de Campos가 나온다. 여기에서 2km를 걸으면 비야르멘테로 데 캄포스Villarmentero de Campos이다. 다시 4km를 더 걸으면 비알카사르 데 시르가Villalcázar de Sirga 마을을 만난다. 마을을 빠져나와 계속 P-980 도로를 따라간다.

비얄카사르 데 시르가에서 5~6km 정도 더 가면 오늘의 목적지

레벤가 데 캄포스

카리온 데 로스 콘데스

인 카리온 데 로스 콘데스Carrion de Los Condes에 도착한다. 마을 입구에서 왼쪽으로 꺾어 들어가면 오른쪽에 벽화가 인상적인 예배당Ermita de La Piedad이 반겨준다. 길을 따라 마을로 진입한다. 5~6분쯤 걸으면 12세기에 건축된 로마네스크 양식의 산타 마리아 델 카미노 성당Church of Santa María del Camino과 순례자 동상을 만난다. 성당을 지나면 산타 마리아 광장Plaza Santa Maria이 나온다. 광장 주변으로 식당과 상점들이 모여 있다. 오전엔 광장에서 장이 열리곤 한다. 성당 건너편에 맛있는 식당 라 코르테La Corte가 있다. 고기 요리, 생선 음식, 수프, 샐러드 등 다양한 스페인 음식을 즐길 수 있다. 라 코르테는 숙소도 함께 운영한다.

카리온 데 로스 콘데스 가는 길

카리온 데 로스 콘데스의 산타 마리아 광장

산타 마리아 광장에서 조금 더 시내로 들어가면 시청과 광장Plaza Generalísimo
이 나온다. 카리온 데 로스 콘데스 마을에서 가장 번화한 곳이다. 사람들이 많
이 모여 있다. 카리온 데 로스 콘데스는 제법 큰 마을이다. 상점도 다양하다. 이
마을은 프랑스 길의 중간 지점에 있다. 중세엔 순례길에서 매우 중요한 역할을
했다. 팔렌시아 지방에서도 중요한 도시였다. 중세 땐 크고 작은 성당과 병원이
있을 만큼 번성했다. 여러 성당과 예배당이 이를 증명해 준다.

카리온 데 로스 콘데스의 산타 마리아 성당

산소일로 수도원

🛏️🍴 숙소와 맛집 안내

🛏️ Albergue Parroquial Santa María del Camino 파로키알 산타 마리아 델 카미노 알베르게

산타 마리아 델 카미노 성당 옆에 있다. 수녀님들이 직접 운영하는 알베르게로 시설이 깨끗하다. 수녀님들이 순례자들을 위해 노래를 들려주고, 안전한 카미노가 되도록 축복해 주는 행사로 유명해졌다. 12시부터 선착순으로 숙박할 수 있다. 숙박비는 10유로이다. 주방을 사용할 수 있고, 뒷마당에서 휴식하고 빨래를 말릴 수 있어서 좋다.

📍 C. Clérigo Pastor, 6, 34120 Carrión de los Condes, Palencia
📞 +34 650 575 185 ⓘ 시설 수준 중

🛏️ Albergue Espíritu Santo 에스피리투 산토 알베르게

산타 마리아 델 카미노 성당 남쪽에 있다. 성당에서 걸어서 3분 거리이다. 이 알베르게 역시 수녀님들이 운영한다. 모두 단층 침대로 방도 넓고 깨끗하고 조용하다. 취사는 불가능하나 전자레인지가 있다. 마당이 넓어 빨래 널기 좋다. 숙박비는 10유로이다. 선착순으로 입실한다. 콘센트를 공동으로 사용해야 한다.

📍 Llegar a la imagen del peregrino, Cjón. San Juan, 3, y seguir a la izquierda, 34120 Carrión de los Condes, Palencia 📞 +34 979 880 052 ⓘ 시설 수준 중

🛏️🍴 Hostal Restaurante La Corte
호스탈 레스토란테 라 코르테

산타 마리아 성당 건너편에 있는 음식점이다. 이 마을에서 손에 꼽히는 맛집이다. 오늘의 요리를 추천한다. 가격은 14유로이다. 단품 육류, 생선, 수프, 샐러드 등 단품 메뉴도 다양하다. 식당이 깨끗하고 친절하다. 숙소도 함께 운영한다.

📍 C. Sta. María, 34, 34120 Carrión de los Condes, Palencia 📞 +34 979 880 138

17 | 카리온 데 로스 콘데스-
테라디요스 데 로스 템프라리오스

거리 약 26.2km 소요 시간 7~8시간 난이도 하 풍경 매력도 하

오늘은 평지로 이루어진 흙길을 걷는다. 경사가 없는 평지만 27km를 걸어야 한다. 첫 번째 마을까지 17km 넘게 걸어야 하는 지루한 구간이다. 그늘이 없는 길이다. 다행히 중간에 푸드트럭이 반겨준다. 이 곳에서 잠시 쉬어갈 수 있다.

상세경로

테라디요스 데 로스 템프라리오스
Terradillos de los Templarios

도착 3.0km 레디고스 Ledigos

카리온 데 로스 콘데스
Carrión de los Condes

17.2km 출발

6km

칼사디야 데 라 쿠에사
Calzadilla de la Cueza

칼사디야 데 라 쿠에사 풍경

코스 특징과 유의 사항 첫 번째 마을을 지나면서부터 N-120번 도로 근처에 있는 평지 흙길을 계속 걷는다. 풍경이 비슷해 따분하고 지루하다. 첫 번째 마을인 칼사디아 데 라 쿠에사까지약 17km를 뜨거운 햇빛과 싸워야 한다. 모자와 충분한 생수를 준비하자. 다행히 중간에 만나는 푸드 트럭이 지친 순례자에게 달콤한 휴식 장소를 제공한다. 레디고스에서 갈림길이 나온다. 오른쪽 놀이터와 공원이 있는 쪽으로 가면 N-120번 도로를 다시 만나게 되고, 왼쪽으로 가면 N-120번 도로를 건너 밭 사이의 흙길이다. 두 길은 오늘의 목적지에서 만난다.

고도표

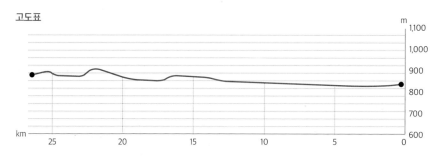

🐚 카리온 데 로스 콘데스 마을 끝에 있는 아치형 다리Puente Mayor를 건너 오른쪽으로 걸으면 산소일로 수도원Real Monasterio de San Zoilo이 보인다. 호텔과 박물관도 함께 있다. 로터리를 지나고 N-120번 도로를 건넌다. 이곳에서부터 약 17km의 흙길을 걸어야 한다. 고대 로마 시대에 만들어진 로마의 길이다. 중간쯤 가면 푸드 트럭이 보인다. 지친 순례자에게는 오아시스를 만난 것처럼 반갑게 느껴진다.

여기서 3~4km 더 가면 나무 그늘막이 있는 순례자 쉼터Área de Descanso para Peregrinos가 있다. 조금만 더 가면 칼사디야 데 라 쿠에사Calzadilla de la Cueza가 나온다. 조그만 마을이다. 마을 초입에 벽화가 그려진 알베르게Albergue Camino Real가 보인다. 마을 중간쯤에서 왼쪽으로 들어가면 조그만 호스텔과 바Hostal Restaurante Camino Real가 있다.

마을을 벗어나 N-120번 도로를 따라 6km 정도 걸으면 레디고스Ledigos 마을에 들어선다. 마을을 직진하여 통과하면 호스텔 겸 바를 겸 하는 라 모레나La Morena를 만난다. 주인의 얼굴을 캐리커처로 그려 넣은 간판이 인상적이다. 바가 깨끗하고 음식도 맛있다. 여기서 잠시 휴식을 취한 후 출발하자. 오른쪽 놀이터와 공원이 있는 쪽으로 향하면 N-120번 도로를 다시 만나 걷게 된다. 이 길을 추천한다. 왼쪽으로 가면 N-120번 도로를 건너 밭 사이

칼사디야 가는 길의 푸드 트럭

도로 옆 순례자 석상

라디고스 입구

칼사디야 가는 길

칼사디야 가는 길

칼사디야 가는 길의 가을 풍경

칼사디야의 전원 풍경

의 흙길을 가는 코스다. 두 길 모두 다음 마을이자 오늘의 목적지인 테리디요
스 데 로스 템프라리오스Terradillos de los Templarios로 향한다.

오른쪽 길을 선택해서 N-120 도로를 따라 걷는다. 오늘의 목적지 마을에 도착
할 때쯤 길 왼쪽에 홀로 있는 로스 템프라리오스 알베르게Hostel Los Templarios
가 보인다. 알베르게 시설이 좋고 음식도 꽤 맛있다. 이곳을 지나면 마을 중심
으로 들어선다. 작고 조용한 마을이다.

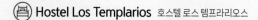

🛏 숙소 안내

🛏 Hostel Los Templarios   호스텔 로스 템프라리오스

알베르게와 바를 함께 운영하고 있다. 주변이 들판이라 개방감이 좋다. 알베르게 앞과 뒤에 꽤 넓은 잔디 마당
이 있다. 알베르게 시설이 깨끗하다. 저녁 식사를 신청하면 먹을 수 있다. 숙소는 4인실, 6인실 등이 있다. 주
방에서 취사는 불가능하며, 숙박비는 15유로이다. 샤워장과 화장실이 각 방에 있다. 넓은 마당에서 쉬기 좋고,
빨래 말리기도 편하다.

📍 Junto al Camino de Santiago y la N-120, 34349 Terradillos de los Templarios, Palencia

📞 +34 667 252 279 ⓘ 시설 수준 상☰ http://www.alberguelostemplarios.com/

18 | 테라디요스 데 로스 템프라리오스 -베르시아노스 델 레알 카미노

거리 약 22.7km 소요 시간 6~7시간 난이도 하 풍경 매력도 하

오늘은 프랑스 길의 중간 지점인 사아군을 지난다. 코스 상태와 풍경이 어제와 비슷하다. 전반부엔 밀 밭 길을, 후반부엔 N-120번 국도를 주로 걷는다. 중간에 팔렌시아주에서 레온주로 들어가는 비석Limite Provincial Entre Palencia y LEÓN을 만나게 된다. 사아군을 거쳐 목적지인 베르시아노스 델 레알 카미노 에 이른다.

상세경로

베르시아노스 델 레알 카미노
Bercianos del Real Camino

사아군
Sahagún

테라디요스 데 로스 템프라리오스
Terradillos de los Templarios

도착   N   9.9km   7.3km   2.2km   3.3km   출발
W ⊙ E

산 니콜라스 델 레알 카미노
San Nicolás del Real Camino

모라티노스
Moratinos

사아군 가는 길의 산 베르나도 조각상

코스 특징과 유의 사항 밀밭 길과 N-120번 도로를 따라 걷는다. 후반부에 사아군을 나와 N-120번 도로를 따라 걷다 보면 삼거리 교차점에서 갈림길을 만난다. 직진 루트를 선택해야 오늘의 목적지인 베르시아노스에 갈 수 있다. 도로를 건너 흙길로 들어간다. 중간에 만나는 사아군은 오래되고 큰 마을이다. 유적지를 구경하면서 충분한 휴식을 취하고 출발한다. 이후 목적지까지는 그늘과 마을이 없다. 생수를 충분히 준비한다.

포토 존과 가볼 만한 곳 사아군 도착 30분 전에 만나는 예배당Ermita de La Virgen del Puente, 알베르게와 관광안내소로 쓰이는 사하군의 옛 삼위일체 성당Oficina de Turismo de Sahagún, 사아군의 산 베니토 아치문Arco de San Benito

고도표

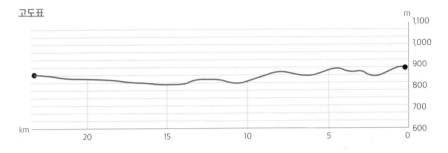

🐚 테라디요스Terradillos de los Templarios 마을을 나와 밀밭 길을 걸어간다. N-120번 국도를 따라서 갈 수도 있지만 단순하고 지루하다. 모라티노스Moratinos에 도착하면 북쪽에 의자 하나가 놓인 언덕이 보인다. 와인 저장고Bodega de tierra tradicional이다. 언덕으로 올라가면 마을 전경을 감상할 수 있다.

모라티노스 마을을 나와 다시 밀밭 길을 걷는다. 2km 정도 걸으면 조그만 마을 산니콜라스San Nicolás del Real Camino가 나온다. 이번에는 마을을 나와 N-120번 도로를 따라 걷는다. 도로를 가로지르는 고가 다리 밑에 팔렌시아와 레온주의 경계를 알리는 오래된 비석Limite Provincial Entre Palencia y LEÓN이 보인다. 길을 따라 왼쪽으로 가면 다시 N-120번 도로를 만나게 된다.

멀리 사아군Sahagún이 보인다. 발데라두에이강Valderaduey River을 건너 오른쪽 옆길로 걸으면 아치형 돌다리Puente de Piedra de Sahagún 옆으로 조그만 예배당Ermita de La Virgen del Puente을 지나가게 된다. 벽돌로 만든 무데하르 양식이슬람풍의 그리스도교 건

모라티노스의 언덕

모라티노스의 언덕이 덮이는 풍경

산니콜라스 델 레알 카미노 가는 길

팔렌시아와 레온 사이의 경계 비석

축 양식의 소박한 성당이다. 이곳은 생장과 산티아고의 프랑스 길 중간 지점이다. 조금 더 가면 조각상 두 개King Alfonso VI, Abbot Bernardo de Seredad가 수문장처럼 마주 서 있다. 산 베르나도San Bernardo 조각상이다. 예배당에서 1분 거리로, 카미노 중간 지점을 상징하는 곳이다.

조각상을 통과한다. 30분쯤 더 걸으면 순례자 조각상이 있는 삼위일체 성당Antigua Iglesia de la Santísima Trinidad, Sahagún이다. 지금은 공립 알베르게Albergue municipal de peregrinos Cluny와 관광안내소Oficina de Turismo de Sahagún로 사용하고 있다. 이곳에서 순례길의 중간 지점인 사아군을 방문했다는 '반주증'을 발급받을 수 있다. 사아군에는 산 티르소 성당Church of San Tirso, Sahagún과 산 베니토 아치 등 많은 유적지가 있다.

무데하르 양식의 소박한 성당

사아군엔 이슬람 양식이 가미된 무데하르 양식의 건축물이 많다. 무데하르 양식은 진흙과 짚으로 만든 벽돌을 사용하는

사하군 가는 길의 피에드라 다리

삼위일체 성당

베르시아노스 가는 길

게 특징이다. 내구성이 약해서 무너진 건축물이 많이 보인다. 하지만 벽돌의 색이 지금까지 걸으며 본 카미노의 흙빛을 닮아 친밀하게 느껴진다.

사아군을 나와 로터리를 지나면 다시 N-120 도로를 만난다. 약 4km 정도 걸으면 버스 정류장이 있는 삼거리 교차로이다. 이곳에서 길이 직진 코스와 오른쪽 루트로 나뉜다. 직진하여 도로를 건넌 후 흙길로 들어가는 루트를 선택해야 오늘의 목적지에 도착한다. 우측으로 꺾어 고가다리를 건너가면 칼사다 델 코토로 가게 된다. 두 길은 다음 날 목적지인 만시야 데 라스 무라스에서야 다시 만난다.

나무가 자라는 흙길을 걸어 고가철도 밑을 지나고, 아치형 스테인리스 문Arco Ornamental de Bercianos del Real Camino을 통과하게 된다. 조금 더 가면 오늘의 목적지 베르시아노스 델 레알 카미노Bercianos del Real Camino이다. 🔵

🛏 숙소 안내

Albergue La Perala 알베르게 라 페랄라

베르시아노스 마을로 들어가기 전에 있다. 시설이 크고 깨끗하다. 넓은 잔디 마당과 야외 테이블이 있어서 쉬기 좋다. 룸은 공간이 넓고, 침대는 단층이다. 6인실 안에 화장실과 샤워 시설이 있다. 숙박료는 14유로침대 시트 별매이다. 저녁 식사를 신청할 수 있으며 가격은 13유로이다. 식사가 맛있다. 주방 시설은 없다. 주변이 들판이라서 조용하고 개방감이 좋다. 어제 마을의 호스텔 로스 템플라리오스와 분위기가 비슷하다.

📍 A la entrada de, Cam. Sahagun, s/n, 24325, León 📞 +34 685 817 699 ⓘ 시설 수준 상

19 | 베르시아노스 델 레알 카미노-
만시아 데 라스 물라스
거리 약 26.2km 소요 시간 7~8시간 난이도 하 풍경 매력도 하

어제와 비슷한 도로 옆 흙길을 걷는다. 평탄한 구간으로 지루하게 느껴질 수 있다. 26km가 넘는 제법 긴 구간이다. 인내심을 가지고 걸어야 한다. 두 개 마을, 엘 부르고 라네로El Burgo Ranero와 렐리에고스Reliegos를 지나 만시야 데 라스 물라스mansilla de las mulas에 도착한다.

상세경로

렐리에고스 가는 길에 안개가 내렸다.

코스 특징과 유의 사항 오르막 내리막이 없는 평탄한 길이다. 중간에 거쳐 가는 마을도 많지 않다. 인내심이 필요하다. 다행히 나무 그늘과 중간중간 나타나는 쉼터가 순례자를 위로해 주고, 고단함도 달래 준다. 엘 부르고 라네로에서 렐리에고스까지 거리는 약 13km이다. 중간에 쉬는 마을 없이 세 시간 넘게 걸어야 한다. 생수를 충분히 준비해서 출발하자.

포토 존과 가볼 만한 곳 산타 마리아 교구 성당의 그라시아 성모 성소, 만시야 관광안내소 앞 조각상십자가상 탑 아래에 쉬고 있는 순례자 조각상

고도표

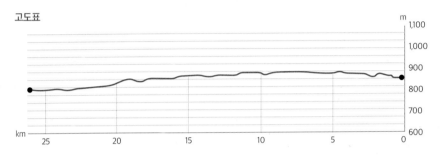

베르시아노스Bercianos del Camino를 통과해 도로 옆 흙길을 걷는다. 길가의 나무들이 적막함을 달래준다. 한 시간 남짓 걸으면 A-231번 고속도로를 만난다. 고가다리 밑을 지나 엘 부르고 라네로El Burgo Ranero 마을로 들어선다. 마을 중간에 있는 바 Pensión Restaurante La Costa del Adobe에서 라면과 햇반을 판매한다. 주인이 매우 친절하다. 새들이 마을 끝자락에 있는 성당Iglesia de San Pedro Apóstol 철탑에 커다란 새집을 몇 개 지었다. 멀리서 보일 만큼 인상적이다.

렐리에고스 가는 길

마을을 나오고 공원묘지를 자나 LE-6615번 도로를 따라 걷는다. 중간중간에 나무 아래에 벤치가 있다. 잠시 쉬어갈 수 있어서 좋다. 공원묘지에서 두 시간쯤 걸으면 철도를 만난다. 지하도 Viaducto Pare el Tren를 지나 LE-6615번 도로를 따라 30분쯤 더 가면 바La Cantina de Teddy가 보인다. 주인이 매우 흥이 많고 친절하다. 조금만 더 힘을 내면 렐리에고스Reliegos 마을에 도착한다. 포도주를 저장하기 위해 파놓은 굴들이 아직 많이 보인다. 지

렐리에고스로 가는 순례자

카미노의 이른 아침 풍경

엘 부르고 라네로 마을 풍경

엘 부르고 라네로 마을 성당

1 렐리에고스 가는 길 2 렐리에고스 초입의 옛 와인 저장고 3 만시야 데 라스 물라스의 순례자 석상

금은 포도주를 생산하지 않아 대부분 폐쇄돼 있다.

렐리에고스 마을을 통과해 다시 LE-6615번 도로를 걷는다. 얼마 후 담장이 쳐진 농구장과 축구장을 지난다. A-60번 고속도로로 고가를 지나 계속 직진한다. 다시 고가도로를 걸어 N-601번 도로를 넘어간다. 조금만 더 걸으면 오늘의 목적지인 만시야 데 라스 물라스Mansilla de las Mulas에 도착한다. 마을로 들어서면 관광안내소가 있는 광장이 나온다. 십자가 탑 아래에 쉬고 있는 순례자 동상이 인상적이다. 만시야 데 라스 물라스는 제법 규모가 있는 마을이다. 물라스는 노새라는 뜻이다. 옛날 가축시장으로 유명한 마을이었기에 이런 이름을 얻었다. 마을 중심을 지나면 포소 광장Plaza del Pozo과 그라노 광장Plaza del Grano이 차례로 나온다. 두 광장 주변으로 상점이 모여 있다. 🔅

🛏🍴 숙소와 맛집 안내

🛏 Casa Rural Las Singer 카사 루랄 라스 신제르

만시야 마을의 중심부 포소 광장 근처에 있다. 2층으로 된 단독
주택으로, 2층에 2인실 방 세 개가 있다. 1층엔 거실과 화장실 겸
샤워실이 있다. 주방은 있으나 사용할 수 없다. 햇볕이 잘 들지 않
아 조금 어둡다. 침구는 준비돼 있다. 2인실 가격이 45유로이다.
⊙ Calle del Párroco José Álvarez, 6 C.P, 24210 Mansilla de las
Mulas, León 📞 +34 987 310 454 ⓘ 시설 수준 하

🛏🍴 Albergue El Jardin del Camino
엘 하르딘 델 카미노 알베르게

만시야 마을 초입, 순례자 동상 광장 근처에 있다. 알베르게와 식
당을 함께 운영한다. 알베르게 시설은 조금 낡았다. 단체 순례객
들이 많이 투숙한다. 큰 방에 30여 명이 함께 사용한다. 침대는
이층 철제 침대이다. 콘센트를 공동으로 사용하여 불편하다. 식
당은 하몽과 스테이크가 유명하다. 최근에 식당을 다시 지어 깨
끗하고 순례자 메뉴도 맛있다. 등심이트레코트이나 T본출레톤을 주
문해 보는 것도 좋을 듯하다.
⊙ Cam. Santiago, 1, 24210 Mansilla de las Mulas, León
📞 +34 600 471 597 ⓘ 시설 수준 하

🍴 La Costa del Adobe 라 코스타 델 아도베

오늘 카미노의 첫 번째 마을인 엘 부르고 라네로에 있는 바이다. 알베르게도 함께 운영한다. 한국 라면과 햇반
을 판매한다. 메뉴판에 한글도 표기되어 있다.
⊙ C. Real, 79, 24343 El Burgo Ranero, León, 스페인 📞 +34 676 550 508 ⓘ 시설 수준 상

20 | 만시야 데 라스 물라스-레온

거리 약 18.5km 소요 시간 5~6시간 난이도 하 풍경 매력도 하

순례길 중반을 넘었다. 이제 산티아고까지 300km 정도 남았다. 레온은 카스티야 이 레온의 주도이자 팜플로나, 부르고스, 사리아와 함께 카미노의 중요한 도시 중 하나이다. 이곳에서 하루 더 쉬고 출발하는 순례자들도 있다.

상세경로

비야모로스 데 만시야
Villamoros de Mansilla

푸엔테 비야렌테
Puente Villarente

발데라푸엔테
Valdelafuente

아르카우에하
Arcahueja

레온
León

도착

만시야 데 라스 물라스
Mansilla de las Mulas

출발

6.1km   1.7km   4.3km   1.6km   4.8km

레온 시내 전경

코스 특징과 유의 사항 N-601번 도로를 따라 걷는 쉽고 짧은 구간이다. 도로를 따라 형성된 마을과 시골길을 지나 마지막으로 레온의 시내 길을 걷는다. 초반은 조금 지루할 수 있으나 레온 시내로 들어가면 구경할 게 많다. 레온 외곽지역에 들어서면 카미노 표식과 대성당 이정표를 보면서 걷는다. 큰 도시이므로 길을 헤매지 않게 주의한다.

포토 존과 가볼 만한 곳 레온 대성당, 가우디의 카사 데 보타네스Museo Casa Botines Gaudi, 산 마르코스 광장의 레온 국영 호텔Parador de Leon

고도표

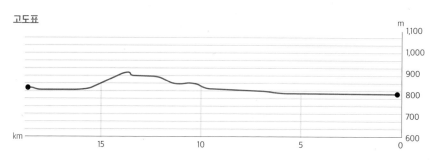

🐚 만시야 마을을 나와 에스라강Río Esla에 놓인 아치형 다리 Puente Medieval sobre el Río Esla를 건너 N-601 도로를 따라 난 흙길을 걷는다. 원형교차로와 오른쪽 주유소를 지나 직진하면 첫 번째 마을 비야모로스Villamoros de Mansilla가 나온다. 도로를 따라 길게 형성된 마을이다.

비야모로스를 지나 N-601번 도로를 따라 20여 분쯤 걸으면 푸엔테 비야렌테Puente Villarente에 도착한다. 이 마을도 도로를 따라 꽤 길게 형성되어 있다. 마을 끝자락에서 오른쪽 도로를 벗어나 흙길로 접어든다. 공장들과 A-60 고속도로 지하도를 통과하여 흙길을 걸으면 얼마 후 아르카우에하Arcahueja에 도착한다. 오르막의 마을 초입 왼편에 한숨 돌리고 갈 수 있는 쉼터Área de Descanso Para Peregrinos Arcahueja가 있다.

비야모로스 가는 길

아르카우에하 마을을 벗어나면 다시 흙길을 계속 따라 걷는다. 왼편으로 N-601 도로가 레온까지 나란히 뻗어있다. 오른쪽 공원묘지를 지나 폐차 공장 앞에서 양 갈래 길이 나온다. 왼쪽 길로 가면 공장이 보이는 곳으로 나와 N-601번 도로를 따라 공장지대를 지나간다. 파란 철제다리Paso elevado, Valdefresno를 만나 레온으로 진입한다. 만약 갈림길에서 그냥 직진하면, 짧은 오르

비야모로스 전경

아르카우에하 입구 오르막길

막길을 지나 파란색 철제다리를 만난다. 교차로를 지나 시내에 들어서면 왼쪽에 공립학교CEIP Puente Castro가 보이는데, 여기 서부터 레온 시내를 걷는다. 도로에 있는 카미노 표식을 보면서 레온 대성당 쪽으로 가면 된다. 공립학교에서 대성당까지는 45 분 남짓 걸린다.

레온은 카스티야 이 레온의 주도로, 1세기 로마인들이 만들었다. 고딕 양식의 레온 대성당은 전면 중앙의 장미창과 화려한 스테 인드글라스로 유명하다. 대성당 인근에 가우디가 설계한 카사 보티네스Museo Casa Botines Gaudí, 보티네스 저택 건축물이 있다. 원래는 대저택이었으나 지금은 미술관으로 사용하고 있다. 프 랑스 순례길에 가우디가 설계한 건축물 둘을 만날 수 있다. 카사 보티네스가 하나이고, 다른 하나는 아스트로가에서 만날 수 있 는 주교궁Palacio de Gaudí Astorga이다. 아스트로가는 레온에서 서쪽으로 약 50km 떨어져 있다. 순례길 22일 차의 목적지이다.

레온 대성당

레온 시내를 걷는 순례자

대성당 인근은 식당 및 상가 등이 밀집해 있다. 볼거리가 많은 번화가이다. 가우디가 설계한 보티네스 저택은 대성당에서 서쪽으로 도보 5분 거리에 있다. 대성당에서 1.5km 떨어진 산 마르코스 광장도 레온의 중심지 가운데 하나이다. 광장 바로 앞에 순례자 병원을 개조한 레온 국영 호텔Parador de Leon이 있다. 카미노를 주제로 한 영화 중 하나인 <The Way>에서 주인공들이 묵었던 호텔이다.

레온은 프랑스 카미노의 3개 거점부르고스, 레온, 사리아 가운데 두 번째 도시이다. 하루 더 숙박하면서 휴식과 관광으로 남은 카미노를 위해 재충전하는 것도 좋겠다. 먹거리도 풍부하다. 오랜만에 아시아 음식도 먹을 수 있다. 한국 식당이 없는 것이 조금 아쉽지만, 라면을 판매하는 식료품점이 있다. 최종 도착지인 산티아고엔 한국식당이 있다.

산 마르코스 광장의 레온 국영 호텔

🏨 🍴 🛍 숙소·맛집·숍 안내

🏨 Inn Boutique León 인 보티케 레온

오픈한 지 몇 년 안 되는 아담하고 깨끗한 숙소이다. 레온 대성당에서 걸어서 3분 거리에 있을 만큼 위치가 좋다. 무엇보다 한국인이 운영하고 있어서 반갑다. 주인이 침술원도 함께 운영한다. 부킹닷컴에서 예약할 수 있다. 2인실 기준 가격은 60~70유로 정도이다. 로비에 안마의자가 있고, 컵라면도 제공해 준다.

📍 Calle Panaderos, 24, 24006 León 📞 +34 987 798 105 ⓘ 시설 수준 상 ≡ https://innboutiqueleon.com/

🏨 Globetrotter Urban Hostel 글로베트로테 우르반 호스텔

레온 대성당 바로 옆에 있다. 입지가 최고이다. 침대는 이층 침대로 구성돼 있으며, 침대마다 커튼이 쳐져 있어서 프라이버시가 보장된다. 침대 시트와 이불을 제공한다. 개인 사물함이 있어서 편리하다. 라운지에서 컴퓨터를 사용할 수 있다.

📍 Calle Paloma, 8, 24003 León, 스페인 📞 +34 987 103 267
ⓘ 시설 수준 상 ≡ https://www.globetrotterhostel.es/

🏨 Hotel Conde Luna 호텔 콘데 루나

레온 대성당에서 서남쪽으로 걸어서 8분 거리에 있는 호텔이다. 위치와 시설이 좋다. 호텔 앞에 아시아 뷔페식당이 있다. 가우디가 설계한 카사 보티네스가 도보로 4분 거리에 있다.

📍 Av. Independencia, 7, 24003 León 📞 +34 987 206 600 ⓘ 시설 수준 상

🍴 Toro Toro León 토로 토로 레온

호텔 콘데 루나 옆에 있는 아시아 뷔페식당이다. 만두, 스시, 라멘 등 음식 종류가 다양하다. 음식 맛이 좋은 가성비 맛집이다. 📍 Arco de las Ánimas, 2, 24003, 24003 León 📞 +34 987 367 553

🍴 Churrería Santa Ana 추레이아 산타 아나

레온 시내 초반부 순례길에 있는 추로스 가판대로 맛집이다. 현지인들이 줄을 서서 기다릴 만큼 유명하다. 순례자들에게도 인기가 많다. 📍 Av. de José Aguado, 1, 24005 León

🛍 Alimentación Oriental Asia 알리멘타시온 오리엔탈 아시아

아시안 슈퍼마켓이다. 레온 대성당에서 북쪽으로 걸어서 12분 거리에 있다. 한국 라면, 소주, 청하, 새우깡을 비롯한 한국 과자 등을 구매할 수 있다. 📍 C. Vazquez de Mella, 11, 24007 León 📞 +34 987 176 006

🛍 Bazar y Alimentación Asia 바자르 이 알리멘타시온 아시아

레온 대성당과 산 마르코스 광장 사이에 있는 아시안 슈퍼마켓이다. 산 마르코스 광장에서 걸어서 8분, 레온 대성당에서 14분 거리에 있다. 한국 라면과 김치를 판매한다.

📍 Av del Padre Isla, 37, local, 24002 León 📞 +34 688 116 565

21 | 레온-산 마르틴 델 카미노

거리 약 25.1km 소요 시간 6~7시간 난이도 하 풍경 매력도 하

부르고스에서 시작된 메세타 구간이 끝나는 코스이다. 레온에서 라 비르헨 델 카미노까지 초반부는 도심 주택가와 상가, 공장지대를 걷게 된다. 이후부터는 N-120번 도로를 따라 걷는다. 길고 조금은 지루한 구간이다.

상세경로

비야단고스 델 파라모
Villadangos del Páramo

산 미겔 델 카미노
San Miguel del Camino

발베르데 데 라 비르헨
Valverde de la Virgen

트로바호 델 카미노
Trobajo del Camino

도착

산 마르틴
델 카미노
San Martín del Camino

4.5km   7.6km   1.4km   4.3km

라 비르헨 델 카미노
La Virgen del Camino

3.3km   4.0km

출발

레온
León

라 비르헨 델 카미노 전경

코스 특징과 유의 사항 초반부엔 도시를, 후반부엔 들판을 걷는다. 라 바르헨 델 카미노에서 두 갈래 길로 나뉜다. 직진하여 발베르데 데 라 비르헨 방향으로 걷는다. 왼쪽으로 방향을 잡아 프레스노 델 카미노Fresno del Camino를 지나가면 오늘의 목적지인 산 마르틴 델 카미노에 갈 수 없다. 다음 마을인 오스피탈 데 오르비고에서 만난다. 갈림길에서 방향을 잘 보고 선택하자.

포토 존과 가볼 만한 곳 라 비르헨 델 카미노의 성모 성당Basílica de la Virgen del Camino, 발베르데 데 라 비르헨의 성당 종탑의 황새 둥지Iglesia de Santa Engracia

고도표

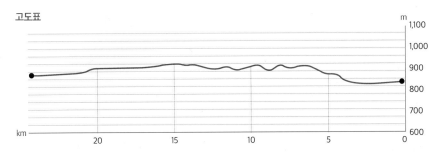

🐚 레온 중심부의 산 마르코스 광장을 지나 베르네스가강의 아
치 다리Puente romano de San Marcos를 건넌다. 레온 외곽의 복잡
한 주택가를 지난다. 기찻길과 나란히 걷다가 고가가 나오면 철
도를 건넌다. 얼마 후 레온의 위성도시인 트로바호 델 카미노Tro-
bajo del Camino에 도착한다. 마을 끝에서 도로를 건너 오르막을
오른다. 주택과 공장, 와인 저장고들이 불규칙하게 자리 잡고 있
다. 더 걸으면 N-120번 도로를 만난다. 주유소를 지나 라 바르헨
델 카미노에 도착한다. 이 마을은 성모가 발현한 마을로 유명하
다. 마을의 후반부에 현대적인 성당Basílica de la Virgen del Camino
이 보인다. 1961년에 재건축된 카미노 성모 성당이다. 이곳은 순
례자들의 기도를 들어준다는 이야기가 전해져 많은 사람이 찾는
다. 성당의 전면에 형상화한 12사도의 동상이 인상적이다.

성당 앞에서 도로를 건너 N-120번 아랫길로 간다. 헤매지 않도
록 카미노 표식을 꼭 확인한다. 도로 아랫길을 가면 두 갈래 길이
나온다. 오늘의 목적지로 가려면 직진해야 한다. 좌측은 대체 루
트이다. 이 길은 약 25km를 지나 오스피탈 데 오르비고Hospital

카미노 비석

산 마르코스 다리를 건너 레온을 떠나는 순례자

발베르데 레 라 바르헨 가는 길

발베르데 레 라 바르헨의 성당

산 미겔 델 카미노의 노란 화살표   산 미겔 델 카미노의 바

de Órbigo에서 다시 만난다.

공원묘지를 지나 N-120번 도로 옆 흙길을 걸어서 A-66 고속도로 지하도를 지난다. 흙길을 걷다가 짧은 외곽 공장지대가 끝날 때쯤 N-120번 도로를 다시 만난다. 이즈음 300km가 남았다는 카미노 표식이 보인다. 여기서 조금 더 가면 도로 양옆으로 길게 형성된 발베르데 데 라 비르헨Valverde de la Virgen마을이 나타난다. 오른쪽으로 산타 엔그라시아 성당Iglesia de Santa Engracia 종탑에 지은 황새 둥지가 눈길을 끈다.

N-120번 도로를 따라 1.5km 정도 더 가면 산 미겔 델 카미노 마을이 보인다. 마을을 지나 N-120번 도로 옆에 난 흙길을 따라 계속 걷는다. 5km 정도 가면 오른쪽에 공장지대가 보이고 이곳을 지나면 마을이 나온다. 건물벽에 산티아고가 298km 남았다는 그림이 눈에 띈다. 비야단고스 델 파라모Villadangos del Páramo 마을이다. 마을을 통과해 N-120번 도로를 따라 흙길을 걷는다. 그늘이 없는 지루한 길을 3km 정도 가면 오늘의 목적지인 산 마르틴 델 카미노San Martín del Camino가 보이기 시작한다.

🛏 Albergue la Hullella 라 훌레야 알베르게

산 마르틴 델 카미노의 초입 도로변에 있다. 위치가 좋고, 신축한 지 얼마 지나지 않아서 시설이 깨끗하다. 1층에 바가 있다. 이곳에서 저녁을 먹을 수 있다. 음식 맛이 좋다. 건물 뒤쪽에 넓은 잔디밭과 수영장이 있다. 잔디밭에서 빨래를 말리기 좋다. 숙박비는 15유로이다.

📍 Av. EL Peregrino, 42, 24393 San Martín del Camino, León

📞 +34 640 846 063 ⓘ 시설 수준 상 ☰ http://www.alberguelahuella.com/

🛏 Albergue Santa Ana 산타 아나 알베르게

산 마르틴 델 카미노 초입 도로변에 있다. 라 훌레야 알베르게에서 3분 정도 더 걸으면 나온다. 침대는 이층 나무 침대이다. 신청하면 저녁을 먹을 수 있다. 시설은 조금 낙후되었으나 2인실도 있다.

📍 Av. EL Peregrino, 12, 24393 San Martín del Camino, León

📞 +34 654 381 646

ⓘ 시설 수준 하

22 | 산마르틴 델 카미노-아스토르가

거리 약 23.8km 소요 시간 5~6시간 난이도 하 풍경 매력도 하

N-120번 도로를 따라 걷는 평탄한 길이다. 다음 날인 오스피탈 데 오르비고 직전에 오르비오강Rio Or-bigo에 놓인 명예로운 걸음의 다리Puente de Orbigo Paso Honroso를 건넌다. 800km에 이르는 프랑스 길에서 가장 긴 아치형 돌다리이다. 오늘의 목적지인 아스토르가Astorga는 아름다운 중세도시이며 볼거리가 많다.

상세경로

아스토르가
Astorga
도착
3.8km
7.9km
비야레스 데 오르비고
Villares de Orbigo
산 마르틴 델 카미노
San Martín del Camino
출발
산 후스토 데 라 베가
San Justo de la Vega
산티바녜스 데 발데이글레시아스
Santibáñez de Valdeiglesias
2.4km
2.7km
7.0km
오스피탈 데 오르비고
Hospital de Órbigo
N
W · E
S

오스피탈 데 오르비고의 명예로운 걸음의 다리

코스 특징과 유의 사항 어제와 비슷한 도로의 옆길을 따라 걷는다. 전날 라 비르헨 델 카미노에서 헤어졌던 두 길이 오스피탈 데 오르비고의 돌다리를 건너기 전에 만난다. 이 마을 끝에서 다시 갈림길이 나온다. 오른쪽으로 가면 1.3km 정도 더 걷지만, 이 길을 추천한다. 시골의 한적함을 느낄 수 있어서 좋다. 두 길은 산 후스토 데 라 베가에 도착하기 전, 산토 토리비오 십자가Crucero de Santo Toribio에서 합쳐져 아스토르가로 향한다.

포토 존과 가볼 만한 곳 오스피탈 데 오르비고의 명예로운 걸음의 다리Puente de Orbigo Paso Honroso, 산토 토리비오 십자가Crucero de Santo Toribio, 아스토르가의 산타 마리아 대성당, 아스토르가의 가우디 주교궁

고도표

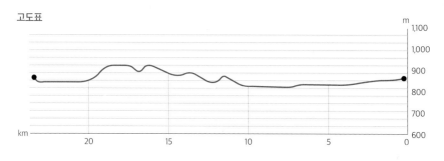

🐚 N-120번 도로를 따라 산 마르틴 델 카미노 마을을 통과한다. 며칠 째 N-120번 도로를 따라 걷는다. 비슷한 들판과 농경지가 이어진다. 조금 지루할 수 있다. 두 시간 정도 걸어가면 오스피탈 데 오르비고Hospital de Órbigo이다. 이곳부터 도로를 따라 난 흙길에서 멀어진다. 오른쪽 오르비고 마을로 인도하는 카미노 비석을 볼 수 있다. 오르비오강Rio Orbigo의 명예로운 걸음의 다리Puente de Orbigo Paso Honroso를 건넌다. 아치 20개로 만들어진 아름다운 돌다리이다. 고대 로마 시대에 만들어졌으며, 프랑스 카미노에서 가장 긴 아치형 석교이다. 레온 출신의 기사 돈 수에로의 사랑 이야기가 전해 내려와, 명예로운 걸음의 다리라는 멋진 이름을 얻었다. 매년 6월 첫 번째 주말이 되면 축제가 열린다. 축제 때마다 마을을 중세풍으로 꾸미고, 사람들도 중세 복장을 하고 축제를 즐긴다. 다리를 건너면 돈 수레도 바Restaurante Cafeteria Don Suero de Quiñones가 있다. 창가에 앉으면 아름다운 긴 아치형 다리가 한눈에 들어온다.

마을 끝에서 길이 갈린다. 직진하면 단조로운 길로 N-120번 도로를 따라간다. 산 후스토 데 라 베가까지 마을이 없는 길 약 12km를 가야 한다. 오른쪽은 비야레스 데 오르비고와 산티바녜스 데 발데이글레사스를 거쳐 가는 길이다. 오른쪽을 추천한다. 직진 루트보다 1km 정도 더 걷고 약간 오르막도 있지만, 한적해서 좋다.

오스피탈 데 오르비고 풍경

산토 토리비오 십자가

산 후스토 데 라 베가의 물 마시는 순례자 동상

산티바네스 데 발데이글레사스를 지나 시골길을 걷다 보면 완만한 오르막에 바La Casa de Los Dioses가 있다. 순례자의 도네이션으로 운영한다. 직접 오렌지즙을 짜서 먹는 재미를 느낄 수 있다. 빨간 하트모양 세요도 인상적이다.

오르비고 마을에서 헤어진 두 길이 산 후스토 데 라 베가 마을이 내려다보이는 산토 토리비오 십자가Crucero de Santo Toribio에서 다시 만난다. 마을을 바라보며 내리막길을 내려오면 물 마시는 순례자 동상이 반겨준다.

마을을 나와 도로를 따라 직진하면 아스토로가 입구에서 철길 위에 놓인 녹색 철제 다리Puente vía del tren de Astorga를 만난다. 로터리를 지나 마을로 들어가면 가파른 오르막이다. 언덕에 올라서면 순례자 동상이 보인다. 왼쪽 건물은 공립 알베르게Albergue de peregrinos de Astorga이다. 맞은편에 성당Capilla de la Santa Vera-cruz도 있다. 아스토로가는 고대 로마 시대에 형성된, 유서가 깊고 매우 아름다운 도시이다. 18세기까지 갈리시아 지방의 해산물을 마드리드 왕에게 전달하는 중요한 지역이기도 했다.

이 마을 중앙의 카스트로 광장Plaza de Eduardo de Castro에 가우

산 후스토 데 라 베가 가는 길

디가 설계한 주교궁Palacio de Gaudí Astorga이 있다 산티아고
길 위에 있는 가우디의 두 개 작품 중 하나이다. 현재는 박물
관으로 사용한다. 산타 마리아 성당Cathedral of Santa María de
Astorga이 옆에 있다. 마을 남쪽의 에스파냐 광장Plaza Espana
엔 시청이 있다. 식당과 숙소, 상점이 많은 번화가다. 바로
옆 사자상 광장Plaza del Gral은 대형 슈퍼마켓과 초콜릿 가
게들이 많다.

아스토르가의 공영 알베르게 앞

아스토르가는 초콜릿과 코시도 마라가토COCIDO MARAGATO
라는 전통음식이 유명하다. 코시도 마라가토는 이곳 원주민
인 마라가토인들이 전쟁 중에 먹었던 음식이다. 소고기, 돼
지고기, 닭으로 만든 소시지 등을 한데 넣어 푹 끓인 음식
이다. 고기가 먼저 나오고 콩과 양배추를 삶은 음식과 수프
가 뒤에 나온다. 음식을 먹을 때 적군이 나타나면 고기를 먼
저 먹기 위해 이런 순서로 음식이 나왔다고 한다. 이 마을의
전통음식이니 한번 경험해 보는 것도 좋을 듯하다. 양이 많
고 조금 짜다. 🏛️

아스토르가의 가우디 주교궁

🏨 Albergue de Peregrinos Siervas de Maria
페레그리노스 시에르바스 데 마리아 알베르게

마을 오르막을 오르면 곧 공립 알베르게이다. 위치가 좋다. 알베르게 앞 광장에 지팡이를 든 순례자 동상이 있다. 알베르게 시설은 좋은 편이다. 4인실 가격이 7유로이다. 침대는 이층 철제 침대이다. 도착 순서로 순례객을 받는다. 예약은 불가능하다.

📍 Plaza San Francisco, 3, 24700 Astorga, León
📞 +34 987 616 034
ⓘ 시설 수준 상

🏨 Albegue My Way 마이 웨이 알베르게

마을 초입에 있다. 1층에 바가 있으나, 주방은 없다. 미리 신청하면 저녁을 먹을 수 있다. 알베르게 시설은 깨끗하고 좋다. 마당이 있어 휴식하기 좋다. 주인이 매우 친절하다. 마을 중심부로 오갈 때 언덕을 오르내리는 것이 단점이라면 단점이다. 부킹닷컴과 왓츠앱으로 예약할 수 있다.

📍 C. San Marcos, 7, 24700 Astorga, León 📞 +34 640 176 338 ⓘ 시설 수준 상

🍴 Las Termas 라스 테르마스

주교궁과 시청 사이에 있는 미쉐린 빕 구르망 맛집이다. 미쉐린 빕 구르망은 합리적 가격에 훌륭한 음식을 맛볼 수 있다는 의미이다. 이 지역의 전통음식 코시도 마라가토를 판매한다. 스테이크도 즐길 수 있다.

📍 C. Santiago, 1, 24700 Astorga, León 📞 +34 635 262 773

23 | 아스토르가-폰세바돈
거리 약 25.7km 소요 시간 7~8시간 난이도 중 풍경 매력도 중

고도 870m에서 출발하여 1,430m까지 완만하게 오르막을 올라가는 구간이다. 오르막 코스이지만, 도로 옆을 걷고 경사도 완만하여 크게 힘들진 않다. 오늘의 목적지인 폰세바돈은 프랑스 카미노에서 가장 높은 곳에 있는 마을이다.

상세경로

폰세바돈
Foncebadón
도착 ● 5.5km
라바날 델 카미노
Rabanal del Camino
6.8km
엘 간소
El Ganso
4.1km
무리아스 데 레치발도
Murias de Rechivaldo
4.5km
산타 카탈리나 데 소모사
Santa Catalina de Somozaa
아스토르가
Astorga
출발
4.8km

N
W-○-E
S

무리아스 데 레치발도

코스 특징과 유의 사항 대부분 도로 옆 흙길을 걷는다. 경사도 심하지 않아 어렵지 않다. 다만 엘 간소El Ganso 에서 라바날 델 카미노를 지날 때는 약간 오르막이 느껴진다. 철의 십자가Cruz de Ferro가 있는 곳 바로 직전 마을인 폰세바돈까지 이동한다. 폰세바돈은 고산지대이다. 낮과 밤의 기온 차가 심하다. 보온에 신경 쓰자.

고도표

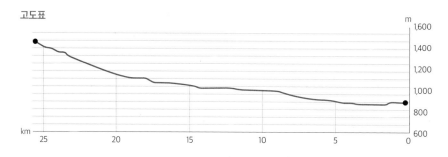

아스트로가의 주교궁 옆 산타 마리아 대성당을 지나 시내 끝자락의 N-VI 도로를 건너 E-142번 도로로 접어든다. 아스토로가 외곽을 빠져나온다. NE-142번 도로를 따라 직진한다. 발데비에하스Valdeviejas의 사거리에 있는 에세 오모 예배당Ermita del Ecce Homo을 지나 A-6 고속도로를 건넌다. 쭉 걸어가면 무리아스 데 레치발도 마을이 보인다. 마을 초입에서 NE-142 도로와 헤어진다. 왼쪽 흙길로 들어가 마을을 통과한다. 길을 따라 4~5km 걸으면 산타 카틸리나 데 소모사이다. 마을 입구에 있는 바에서 휴식을 취할 수 있다. 마을을 빠져나와 LE-6304번 도로를 따라 4km 정도 걸으면 다음 마을인 엘 간소에 도착한다.

마을 끝 성당을 지나면 LE-6304번 도로 옆 흙길 위에 노란 카미노 화살표와 철의 십자가길 안내 표지판이 보인다. 같은 풍경의 연속이라 지루할 수 있다. 엘 간소부터 오르막을 느낄 수 있다. 엘 간소부터 한 시간 반 정도 오르막길을 걷는다. 도로 옆 바La Candela와 성당 Ermita de la Vera Cruz를 지나면 라바날 델 카미노로 접어드는 길이 나온다. 오른쪽 길이다. 마을의 수도원 Monasterio de San Salvador del Monte Irago을 지나 직진하여 마을

무리아스 데 레치발도 가는 길

산타 카틸리나 데 소모사의 바

엘 강소 가는 길

넓은 숲에서 라바날 델 카미노 가는 길

라바날 델 카미노의 성모승천 성당

폰세바돈 입구

을 빠져나간다.

수도원에서 왼쪽 골목길로 나오면 한국인 신부가 운영하는 알베르게Albergue Nuestra Señora del Pilar로 갈 수 있다. LE-142 도로 옆이다. 마을로 들어오지 않고 그대로 도로를 따라가면 공립 알베르게 옆에 있다. 도로 옆길이 좁아 차가 올 때 조심해야 한다. 이곳에는 라면, 김치, 공깃밥을 판매한다. 한국의 안영균 신부가 운영하다 귀국했다. 지금은 마을의 베네딕트 수도원 성당 소속의 젊은 한국 신부가 운영한다고 한다. 안영균 신부가 집필한 <나는 산티아고 신부다>라는 책을 읽어 보는 것도 의미가 있을 듯하다. 마을에 있는 슈퍼에서도 한국 라면을 구매할 수 있다.

LE-142번 도로를 따라 폰세바돈까지 걷는다. 중간중간 쉼터가 마련되어 있다. 약 5.5km의 완만한 오르막을 오르면 오늘의 목적지인 폰세바돈에 도착한다. 폰세바돈은 산속에 있는 작은 마을이다. 🏔

폰세바돈 십자가상

🛏️🍴 Albergue Nuestra Señora del Pilar
누에스타 세뇨라 델 필라 알베르게

폰세바돈의 직전 마을 라바날 데 카미노 Rabanal del Camino의 LE-142 도로 옆에 있는 알베르게 겸 음식점이다. 한국인 신부가 운영한다고 한다. 규모가 큰 편이다. 단체 순례자도 많다. 룸 타입이 다양하다. 다인실 가격이 10유로이다. 이곳에서는 한국 음식을 판매한다. 김치가 맛있다. 한글 메뉴판도 있어서 편리하다. 숙박은 못 해도 식사는 한 번쯤 해보길 추천한다.

◎ Plaza Jerónimo Morán Alonso, LE-142, s/n, 24722 Rabanal del Camino, León 📞 +34 616 089 942 ⓘ 시설 수준 중

🛏️ Albergue Casa Chelo Foncebadon 카사 첼로 폰세바돈 알베르게

폰세바돈 마을 끝에 있다. 규모가 작은 알베르게이다. 이층 철제 침대 4개와 단층 베드 2개가 한방에 있다. 방이 넓고 샤워 시설이 깨끗하다. 저녁 식사는 신청해야 먹을 수 있다. 주방은 사용할 수 없다. 주인은 매우 친절하나 스페인어만 할 수 있다.

◎ C. Real, 9999, 24722 Foncebadón, León 📞 +34 641 023 636 ⓘ 시설 수준 중

24 폰세바돈-폰페라다

거리 약 26.9km 소요 시간 7~8시간 난이도 상 풍경 매력도 상

카미노의 상징 중 하나인 철의 십자가를 만난다. 순례자들은 소망과 사연을 적은 작은 돌멩이를 언덕에 놓고 행복을 기도한다. 철의 십자가에서 내려와 아름다운 마을 중 하나인 몰리나세카를 지난다. 순례자들은 몰리나세카 입구 다리 아래에서 휴식을 즐긴다. 오늘의 목적지 폰페라다는 템플기사단 성으로 유명한 도시이다. 볼거리와 먹거리가 풍부하다.

상세경로

폰페라다
Ponferrada

몰리나세카
Molinaseca
4.4km

리에고 데 암브로스
Riego de Ambrós
4.6km

폰세바돈
Foncebadón
2.0km 출발

도착
3.3km

캄포
Campo

3.4km

2.3km

철의 십자가
Cruz de Ferro

N
W-O-E
S

엘 아세보 데 산 미겔
El Acebo de San Miguel

6.9km

만하린
Manjarín

코스 특징과 유의 사항 초반부의 만하린의 푸드트럭에서 전망을 감상하며 잠시 휴식을 취한다. 멀리 안테나가 있는 언덕의 정상까지 오르막이 이어지고 이후엔 급격한 내리막이다. 몰리나세카에서 여정을 마치는 순례자들도 많다. 몰리나세카에서 폰페라다까지 8km는 지루하고 힘든 구간이다. 오늘은 내리막길이 많다. 무릎 보호대를 착용하고 스틱을 이용하여 안전하게 내려와야 한다. 오늘은 난도가 높은 구간이므로, 배낭 이동 서비스를 이용해도 좋겠다.

포토 존과 가볼 만한 곳 철의 십자가, 템플기사단의 성Castillo de los Templarios

고도표

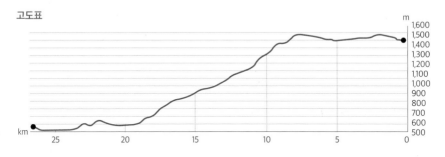

엘 아세보 데 산 미겔 가는 산 정상

철의 십자가

만하린 전망대의 푸드 트럭

몰리나세카 입구의 아치 다리

몰리나세카 들어가는 길

🐚 폰세바돈을 나와 LE-142번 도로와 나란히 난 산길을 30분 정도 올라가면 돌무더기 위에 세워진 철의 십자가Cruz de Ferro를 만난다. 카미노에 십자가상이 많지만, 철의 십자가는 특별한 의미와 감동을 준다. 각자 가져온 돌이나 사연이 적힌 편지를 올려놓고 두 손 모아 간절히 기도한다. 순례자들이 기도하는 모습을 보며 순례의 의미를 되새겨 본다.

LE-142번 도로 옆 흙길을 따라 내려온다. 만하린 입구에서 푸드트럭을 만난다. 잠시 휴식하며 정상의 풍경을 감상한다. 이제 오르막을 올라야 한다. 조금 더 가면 지금은 운영하지 않는 만하린 알베르게가 보인다. 입구에 만국기가 걸려 있다. 30년 넘게 전기도 없이 운영해 온 유명한 알베르게였는데 이젠 역사 속으로 사라져갔다.

이곳에서 다시 오르막길을 2km 정도 더 오른 후 경사가 심한 내리막이 이어진다. 바닥에 돌이 많으므로 넘어지지 않게 조심한다. 길을 내려오면 검은색 지붕의 집이 모여 있는 엘 아세보 산 미겔 마을이 보인다. 마을을 통과해 다시 산길을 3km 정도 가면 리에고 데 암브로스 마을에 도착한다. 마을을 거의 통과할 때쯤 오른쪽을 가리키는 카미노 표식을 따라 숲길로 접어든다. 바닥에 돌이 많고 미끄럽다. 넘어지거나 발목을 다치지 않게 천천히 조심히 내려온다.

산길을 내려오면 LE-142번 도로와 만난다. 이윽고 몰리나세카 마을 입구에 도착한다. 도로 오른쪽에 있는 성당Ermita de Nuestra Señora de las Angustias을 지나 다리Molinaseca Bridge를 건너 몰리나세카 마을에 들어선다. 다리 아래쪽 양옆에 맛있는 식당이 있다. 몰리나세카는 카미노에서 예쁜 마을 중 하나다. 더운 날에는 다리 밑에서 수영과 선텐을 즐기는 순례자가 많다. 마을 중간쯤 알베르게Señor Oso Albergue y Horno de pan에서 한국 라면을 판매한다. 몰리나세카까지만 걷는 순례자도 많다.

카미노 이정표

LE-142번 도로를 따라 마을을 빠져나온다. 오르막이 시작된다. 힘들고 지루한 구간이다. 2km 정도 가면 캄포 마을 입구에서 3갈래 길을 만난다. 카미노 표식이 있는 왼쪽으로 가면 산길로 캄포Campo 마을을 지나게 된다. 캄포에서 멀리 폰페라다가 보이기

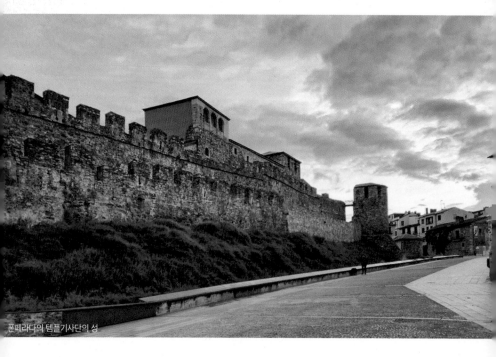

폰페라다의 템플기사단의 성

폰페라다 전경

시작한다. 보에사 다리Puente Boeza를 건너 왼쪽 굴다리를 지나
폰페라다 도심으로 들어간다. 폰페라다의 인구는 7만 명 남짓이
다. 레온주에서 제법 큰 도시이다.

이 도시는 템플기사단의 성Castillo de los Templarios, Ponferrada
Castle으로 유명하다. 이 성은 산티아고 데 콤포스텔라로 가는 순
례자들을 보호하기 위해 1178년경 템플기사단이 쌓았다. 템플
기사단 성을 지나면 번화한 광장Plaza de La Virgen de la Encina
이 나온다.

🏨🍴 숙소와 맛집 안내

🏨 Albergue Compostela 콤포스텔라 알베르게

몰리나세카 마을 초입 다리 근처에 있는 알베르게이다. 꽃과 나
무가 자라는 작은 마당이 깨끗하고 아름답다. 알베르게 시설이
깨끗하고 좋다. 1층 침대와 2층 침대가 있다.

📍 C. la Calleja, 3, 24413 Molinaseca, León
📞 +34 616 066 091
ⓘ 시설 수준 상

🏨 Albergue Guiana 기아나 알베르게

폰페라다 마을 초입의 템플기사단 성 인근에 있다. 규모도 크고
시설도 매우 좋다. 공간도 넓고 깨끗하고, 화장실과 샤워실도 실
내에 있다. 개인 사물함도 있다. 2인실부터 6인실까지 룸 타입이
다양하다. 부킹닷컴 예약이 가능하고 6인실 가격은 17.5유로이
다. 주방의 전자레인지를 사용할 수 있다. 당구대 등 휴게 시설
도 잘 갖추고 있다.

📍 Av. el Castillo, 112, 24401 Ponferrada, León
📞 +34 987 409 327
ⓘ 시설 수준 상

🍴 Wok Hd 웍 에이치디

다양한 아시아 음식을 맛볼 수 있는 뷔페식 식당이다. 도시 중심
에서 조금 떨어져 있다. 맞은편에 데카트론대형 스포츠용품 할인점이
있어서 트레킹 관련 용품도 구매할 수 있다.

📍 C. Msp, 4, 24400 Ponferrada, León
📞 +34 987 407 593

25 폰페라다-비야프랑카 델 비에르소
거리 약 24.0km **소요 시간** 6~7시간 **난이도** 중 **풍경 매력도** 중

초반 10km는 폰페라다 시내와 위성도시 등 짧은 구간마다 이어진 마을을 지나는 쉬운 길이다. 이후는 포도밭으로 이어지는 시골길을 걸어 비야프랑카까지 간다. 후반 구간에 오르막이 있어서 조금 힘들다. 오늘의 목적지인 비야프랑카는 <스페인 하숙>이란 방송 프로그램으로 우리에게 친숙한 마을이다.

상세경로

피에로스
Pieros
2.2km
캄포나라야
Columbrianos
콤포스티야
Compostilla
6.4km
카카벨로스
Cacabelos
6.0km
1.9km
2.5km
2.2km
2.8km
푸엔테스 누에바스
Fuentes Nuevas
콜럼브리아노스
Columbrianos
도착
비야프랑카 델 비에르소
Villafranca del Bierzo
출발
폰페라다
Ponferrada

비야프랑카 가는 길의 포도밭 언덕의 하얀 집

코스 특징과 유의 사항 폰페라다 시내를 벗어날 때 헤매지 않도록 카미노 표식과 방향을 확인하며 걷는다. 초반은 도시풍의 포장도로를 걷다가 캄포나라야 이후부터는 포도밭이 이어지는 시골길을 걷는다. 피에로스를 지나 LE-713번 도로를 걷다가 두 길을 만난다. 노란 화살표가 가리키는 오른쪽 포도밭 길을 추천한다. 카카벨로스를 나와 목적지까지 약 8km의 포도밭을 지나는 구간이 제일 힘들다.

포토 존과 가볼 만한 곳 비야프랑카의 산티아고 성당Iglesia de Santiago, 비야프랑카의 산 니콜라스 성당 Iglesia de San Nicolás El Real

고도표

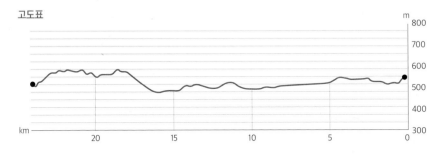

🐚 템플기사단 성을 지나 엔시나 광장Plaza de La Virgen de la Encina을 통과한다. 쿠벨로스 다리Puente Cubelos로 강을 건너 오른쪽으로 실강Rio Sil을 따라 형성된 콘코르디아 공원Parque de la Concordia을 지난다. 공원 북쪽 끝자락에 고가다리 밑을 지나고 1970년대까지 화력발전소 자리였던 곳에 새워진 에너지박물관La Fábrica de Luz. Museo de la Energía을 지나 오르막길을 올라 도로로 나간다. 로터리에서 왼쪽 가로수가 심어진 도로를 따라 걸으면 콤포스티야Compostilla에 도착한다. 주거단지로 폰페라다와 붙어있다.

에너지박물관 지나 오르막

마을 중간쯤 2층 건물Plaza de Compostilla이 길을 가로막고 있다. 건물 가운데 입구를 통과하여 건물을 지나간다. 전면에 성당Iglesia de Santa María de Compostilla이 있다. 계속 직진하여 축구장을 지나 주택가를 벗어난다. 노보 호텔Novo Hotel 앞의 N-VI 도로 지하도를 지나 포장된 길을 걸어가면 왼쪽으로 공원묘지와 성당Iglesia de San Esteban de Columbrianos을 지난다. CL-631번 도로를 건너면, 콜럼브리아노스의 마을이 나온다. 마을 중심부의 삼거리 코너에 조그만 성당Ermita de San Blas y San Roque이 보인다. 노란 화살표를 따라 왼쪽 길로 들어간다. 마을 외곽의 포장된 도로 길을 걷는다.

콜럼브리아노스

1 카카발로스 가는 길의 올림픽 로고 로터리 2 카카발로스 마을 3 피에로스 가는 길

푸엔테스누에바스 외곽 주택지를 지나 캄포나라야에 도착한다. LE-713번 도로를 따라 인도를 걸어간다. 로터리Torre del reloj de Camponaraya를 지나 LE-713번 도로를 따라가면 올림픽 로고가 보이는 로터리Rotonda del "Monumento a Lydia Valentín"가 나온다. 직진하면 왼쪽에 와이너리Viñas del Bierzo가 보인다. 여기에서 비에르소 와인을 맛볼 수 있다. 와이너리를 지나 가로수 길로 들어선다. 약간 오르막길을 가면 A-6 고속도로이다. 고가다리를 건너 포도밭 사잇길로 한참 걸어간다. LE-713번 도로가 나온다. 도로를 건너 포장된 길을 계속 따라가면 카카발로스에 도착한다. 마을 중심 삼거리의 조그만 예배당Iglesia de San Roque을 지나 마을 중심부로 들어가면 라 갈예가 호스탈Hostal La Gallega이 나온다. 바로 건너편에 엘 모노 델 카미노 식당El Mono del Camino이 있다. 라면과 비빔밥을 판매한다. 직접 담근 피클 같은 김치도 있다.

쿠아강Rio Cua을 건너 LE-713번 도로를 따라 마을 외곽과 포도밭을 지난다. LE-713번 도로 오르막을 오르다가 작은 마을 피에로스를 지나간다. 마을 지나 30분쯤 걸으면 갈림길이 나온다. 노란색 화살표를 따라 오른쪽으로 간다. 포도밭 길이다. 언덕 위로 멋진 나무 몇 그루가 보이고 그 아래에 하얀 집이 그림처럼 서 있다. 포도농장Cantariña Vinos de Familia과 나무, 하얀 집이 매혹적이다. 차도를 따라 직진하면 30분 후에 비야프랑카 마을이 나온다.

포도원 옆 비아프랑카 가는 길

포도밭 사잇길로 가면 마을 초입에서 공립 알베르게Public Albergue of Villafranca del Bierzo
와 12세기 말에 지은 로마네스크 양식의 작은 산티아고 성당Iglesia de Santiago을 차례로 만
난다. 이 성당의 문 이름은 용서의 문Puerta del Perdón이다. 문은 콤포스텔라 성년에만 열린
다. 몸이 아프고 병들거나 피하지 못할 사정이 있어서 산티아고까지 갈 수 없는 순례자들이
이 문을 통과하면 야고보의 무덤에 참배한 것으로 인정해 준다고 알려져 있다. 교황 갈리스
토 3세1378~1458는 실제로 이런 교서를 내렸다.
성당을 지나면 비야프랑카성Marqueses de Villafranca Castle이 반겨준다. 여기에서 오른쪽 골
목길로 가면 마을로 들어가게 된다. 가는 길에 바자르 치노Bazar Chino. (C. Campairo, 3, 24500
Villafranca del Bierzo, León)라는 작은 잡화점이 보인다. 이곳에서 한국 라면을 구매할 수 있
다. 마을의 중심인 마요르 광장Plaza Mayor에 바와 식당, 순례자들이 모여 있다.
비야프랑카 마을은 산에 아늑하게 둘러싸여 있다. tvN의 <스페인 하숙>에 나온 마을이라
우리에게 익숙하다. 산 니콜라스 성당Iglesia de San Nicolás El Real도 같은 프로그램에 나왔다.

비야프랑카 산티아고 성당의 용서의 문

비야프랑카 마을 중심 광장

🛏️ Hostal La Gallega 라 갈예가 알베르게

카카발로스Cacabelos에 있는 알베르게이다. 호스텔과 함께 운영한다. 위치와 시설이 좋고 깨끗하다. 1층에 바도 함께 운영한다. 음식이 맛있다. 알베르게 뒤쪽에는 유명한 레스토랑El Refugio de Saul이 있다. 4~5개 코스 요리가 나오는 맛집이다.

📍 C. Sta. María, 23, 24540 Cacabelos, León
📞 +34 987 549 476 ⓘ 시설 수준 중
≡ https://hostal-lagallega.webnode.es/

🛏️ San Nicolas el Real 산 니콜라스 엘 레알 알베르게

TV 예능 프로그램 <스페인 하숙>에 나왔던 비야플랑카의 알베르게이다. 규모가 크다. 2인실부터 다인실까지 룸 타입이 다양하다. 입구는 건물 전면에 있다. 방송 때 입구였던 녹색 문이 있는 현관은 지금은 사용하지 않는다.

📍 Tr.ª San Nicolás, 4, 24500 Villafranca del Bierzo, León
📞 +34 620 329 386 ⓘ 시설 수준 중
≡ http://www.sannicolaselreal.com/

🛏️ Albegue LEO 레오 알베르게

비야플랑카 북쪽에 있다. 시설이 깨끗하다. 4인실과 6인실이 중심을 이룬다. 6인실 침대 간격도 넓은 편이다. 침대는 2층 철제 침대이다. 주인이 매우 친절하다. 담요를 제공해 주고, 주방도 사용할 수 있다.

📍 C. Ribadeo, 10, 24500 Villafranca del Bierzo, León
📞 +34 658 049 244 ⓘ 시설 수준 중
≡ http://www.albergueleo.com/

🍴 El Mono del Camino 엘 모노 델 카미노

카카발로스Cacabelos 중심부에 있는 식당이다. 한국 라면과 비빔밥을 판매한다. 주인이 직접 만든 피클 같은 김치도 제공해 준다. 한국에 대한 애정이 느껴지는 맛집이다. 피자, 햄버거, 크레페도 판매한다. 커피와 음료도 마실 수 있다.

📍 Plaza Abastos, C. Sta. María, 24540 Cacabelos, León
📞 +34 603 630 873

26 비야프랑카 델 비에르소-오 세브레이로

거리 28.2km 소요 시간 8~9시간 난이도 상 풍경 매력도 상

매우 힘든 구간을 걷는다. 거리가 길고 후반부엔 오르막을 올라가야 한다. 오늘은 레온주에서 갈리시아 주로 넘어가는 구간이다. 순례길에서 만나는 마지막 주이다. 갈라시아주의 주도가 우리의 최종 목적지 인 산티아고 데 콤포스텔라이다. 갈라시아는 목축업이 발달했으나 해안가를 끼고 있어서 문어와 조개 같은 해산물 요리도 유명하다.

상세경로

오 세브레이로
O Cebreiro
2.3km 라 파바
La Faba
라 라구나
La Laguna
2.4km
3.2km
라스 에레리아스
Las Herrerías
1.3km
루이텔란
Ruitelán
베가 데
발카르세
Vega de
Valcarce
2.3km
암바스메스타스
Ambasmestas
1.2km
트라바델로
Trabadelo
1.5km
라 포르테라
데 발카르세
La Portela de Valcarce
4.3km
4.3km
페레헤
Pereje
5.4km
출발
비야프랑카 델 비에르소
Villafranca del Bierzo

오 세브레이로 가는 산길 전경

코스 특징과 유의 사항 초반은 발카르세 계곡을 따라 도로 옆을 걷는다. 어렵지 않다. 후반엔 고도 700m인 라스 에레리아스에서 고도 1,300m의 오세브레이로까지 심한 오르막을 10km 정도 올라야 한다. 오르막에서 만나는 라 파바와 라 라구나에서 쉬어가면 좀 낫다. 구간이 길고, 오르막이어서 걱정된다면 배낭 이동 서비스를 권한다. 베가 데 발카르세에서 숙박하고 다음 날 오 세브레이로까지 가도 된다.

포토 존과 가볼 만한 곳 갈리시아 지방을 알리는 경계석Punto de entrada a Galicia, 오 세브레이로의 산타 마리아 라 레알 성당과 돈 엘리아스 발리냐 삼페드로 신부의 흉상

고도표

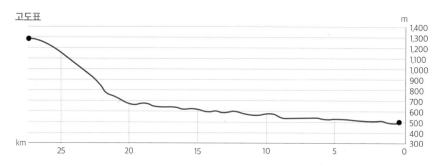

🐚 부르비아강의 다리Puente Medieval de Villafranca를 건너 비야프랑카 마을을 빠져나온다. 다리를 건너자마자 갈림길이다. 도로를 따라 직진하는 길과 오른쪽 언덕 위로 올라가는 길이다. 직진 루트를 추천한다. 체력을 아끼고 중간중간 마을이 있어서 휴식을 취하기 좋다. 두 길은 10km쯤 각자 가다가 트라바델로에서 다시 만난다.

발카르세강Rio Valcarce을 따라 난 도로 옆길을 걷는다. 가다 보면 도로가 끝난다. 여기서부터는 도로를 건너 오른쪽으로 N-VI 도로를 따라간다. 한참 걸어가면 페레헤 마을 표식이 나온다. 표식을 따라가다 마을을 통과한다. 도로를 건너 N-VI 도로를 다시 따라 걷는다. 마을 끝에 허물어져 가는 집들을 볼 수 있다. A-6 고속도로 밑을 지나면 오른쪽으로 도로를 빠져나가는 길이 보인다. 오른쪽 길로 들어선다. 넓은 시골길을 따라 가면 오른쪽 길가에 트라바델로의 바Crispeta Bar 가 보인다. 많은 순례자가 휴식을 취한다. 이곳에서 약 150m 더 가면 펜션Pension El Puente Peregrino이 있는데, Corean Noodle Soup라면 과 김치, 밥을 판매한다. 이곳을 지나면 초반에 헤어졌던 길을 만나면서 마을을 빠져나간다.

라스에렐리아스 가는 새벽길

비야프랑카 다리 앞 순례자 상

트라비델로 가는 길

라포르테라 입구 순례자 상

시골길을 걷다가 A-6 고속도로 밑을 지난다. 다시 N-VI 도로를 따라 걷는다. 고가다리 밑을 지나면 오른쪽으로 주유소와 휴게소가 보인다. 이곳을 지나면 라 포르테라 데 발카르세 마을이다. 순례자 동상이 맞아준다. 마을을 나와 고가도로 밑의 N-VI 도로를 따라 조금 가면 왼쪽으로 내려가는 도로N-006A와 갈림길이다. 암바스메스타스 Ambasmestas로 가는 표지판이 함께 보인다. 마을을 지나 N-006A 도로를 따라 숲길을 걸으면 A-6 고속도로 고가 밑으로 해서 베가 데 발카르세로 들어간다. 발카르세 계곡에 있는 마을 중에서 가장 크다. 고지대인 오세브레이로까지 한 번에 오르는 것이 부담스러운 순례자들은 이곳에서 숙박한다.

마을을 나와 계속 N-006A 도로를 따라 숲길을 걷는다. 1.5km 정도 가면 루이텔란Ruitelán이다. 이곳에서 N-006A와 N-VI 도로가 만나 마을을 통과한다. 도로를 따라 1km 정도 가면 2층 건물이 나온다. 건물 앞에서 라스

라 라귄나 가는 길의 소 떼

에레리아스 마을로 가는 작은 길로 들어선다. 길을 따라가면 다스라마스강Rio das Lamas
의 다리Puente Romano sobre el río Valcarce를 건너 마을을 지나간다.

비야프랑카 이전엔 성당을 중심으로 마을이 모여 있었다. 하지만 지금부터는 길을 따라
집들이 길게 이어지거나 조금 듬성듬성 자리 잡고 있다. 목축업이 발달한 갈리시아 지
방의 특징이다. 길에 소똥이 많다. 순례길에서 소 떼를 만나는 경험도 쉽게 할 수 있다.
라스 에레리아스 마을이 끝나는 지점부터 오르막이 급격하게 심해지면서 산길로 접어
든다. 지금부터 10km 정도 힘든 구간이 시작된다. 약 2km 오르면 왼쪽에 라파바 마을
로 들어가는 오솔길이 보인다. 이곳에서 쉬어간다. 라 라구나 마을을 지나면 갈리시아
지방을 알리는 경계석Punto de Entrada a Galicia을 만난다. 산티아고까지 160.948km 남
았다고 알려준다. 카미노의 마지막 지방인 갈리시아로 진입한 것이다. 이곳을 지나면
오 세브레이로에 도착한다.

오 세브레이로는 산타 마리아 라 레알 성당Iglesia de Santa María la Real을 품고 있다. 오
세브레이로의 기적과 카미노의 노란 화살표를 만든 신부님이 계셨던 성당으로 유명하

오 세브레이로 마을 중심

1 갈라시아 지방의 시작을 알리는 표지석 2 베가 데 발카르세 마을 3 돈 엘리아스 빌리냐 삼페드로 신부의 흉상

다. 오 세브레이로의 기적을 간단히 설명하면 이렇다. 어느 날, 한 순례자가 이 마을에 도착했다. 그는 성당 미사에 참석해 간절히 기도를 올렸다. 그러자 빵과 포도주가 그리스도의 살과 피로 변하는 게 아닌가? 더욱 놀라운 것은, 성당 안 마리아상도 이 기적을 보고 놀라 고개를 돌렸다는 이야기가 전해져온다. 그때의 성배와 성체를 담은 접시가 지금도 성당 안에 보존돼 있다. 성당 오른쪽엔 돈 엘리아스 빌리냐 삼페드로Don Elian Valina Sampedro 신부의 흉상이 있다. 그는 카미노의 길을 알려주는 노란 화살표를 만든 사람이다. 카미노 루트를 완전히 복원하는 데 큰 공헌을 했다. 신부님의 노력으로 지금 우리가 카미노를 걷고 있는 셈이다. 성당에서는 저녁 미사에 참석하는 모든 순례자에게 그 나라 말로 축사를 해준다. 또 노란 화살표가 그려진 조그만 돌을 기념으로 나누어 준다. 오 세브레이로에서 '나의 카미노'를 돌아보는 시간을 가져도 좋을 듯하다. 🔵

🏛️ 엘 파소 알베르게 Albergue El Paso

26일 차 루트 중간 마을인 베가 데 발카르세Vega de Valcarce에 있다. 깨끗하고 시설이 좋다. 주인이 매우 친절하다. 앞마당에 잔디와 테이블이 있어서 쉬기 좋다. 마당에서 바라보는 강이 흐르는 풍경이 멋있다. 주방을 사용할 수 있으며, 한글 안내문도 있다. 개인 사물함이 있어서 편리하다. 1박 가격은 13유로이다. 하우스 와인을 한 병에 3유로에 판매한다.

📍 Carr. Antigua N-VI, 6, 24520 Vega de Valcarce, León
📞 +34 628 104 309 ⓘ 시설 수준 상 ☰ http://www.albergueelpaso.es/

🏛️ 오 세브레이로 공립 알베르게 Albergue Municipal de O Cebreiro

선착순으로 순례자를 받는다. 규모가 크지만, 많은 침대가 한곳에 모여 있어서 조금 소란스럽다. 1박 가격은 8유로이다. 샤워 시설 등 조금 낙후되었다. 주방을 사용할 수 있으나 조리용품이 부족하다. 추운 계절에는 라디에이터 가까이 있는 침대를 선택하는 게 좋다. 배낭 이동 서비스를 했다면 성당 앞에 있는 'Hotel O Cebreiro'에서 찾을 수 있다. 다음 날 아침에 맡기는 것도 마찬가지다. 서비스 업체에 확인하는 건 필수이다.

📍 Lugar Cebreiro, 17, 27671 Pedrafita do Cebreiro, Lugo
📞 +34 660 396 809 ⓘ 시설 수준 하

🍴 엘리스의 월드 키친 Elly's World kitchen

트라바델로Trabadelo의 엘 푸엔테 페레그리노 펜션Pension El Puente Peregrino 1층에 있는 식당이다. Corean Noodle Soup라면, 밥, 김치을 8.5유로에 판매한다.

📍 C. Cam. Santiago, 10, 24523 Trabadelo, León 📞 +34 680 236 345

27 | 오 세브레이로-트리아카스텔라

거리 약 20.8km 소요 시간 5~6시간 난이도 중 풍경 매력도 상

오늘은 초반에 1,355m의 포요 고개를 넘는다. 이후부터는 특별히 힘든 구간은 없다. 목적지까지 숲속의 내리막 산길을 걷는다. 작은 마을이 줄지어 이어진다. 마을의 경계가 애매할 만큼 마을이 쭉 이어진다.

상세경로

트리아카스텔라
Triacastela
도착
2.1km
파산테스
Pasantes
1.4km
피요발
Filloval
3.0km
비두에도
Biduedo
폰프리아
Fonfria
2.4km
파도르넬로
Padornelo
3.8km
오스피탈
다 콘데사
Hospital da Condesa
2.5km
2.4km
리냐레스
Liñares
오 세브레이로
O Cebreiro
출발
3.2km

포요 고개의 바에서 바라본 전경

코스 특징과 유의 사항 오 세브레이로에서 1시간 남짓 걸으면 산 로케 고개Alto de San Roque의 순례자 청동상이 나온다. 이후 1,339m의 급격한 오르막을 오른다. 포요 고개를 올라가면 숨이 목까지 찰 정도이다. 짧지만 가파르다. 이후는 도로를 따라 내려온다. 골목길에서 소 떼를 만날 수 있다. 한쪽 옆으로 붙어 소 떼가 지나가길 기다렸다 길을 걷는다.

포토 존과 가볼 만한 곳 산 로케 고개의 순례자 동상

<u>고도표</u>

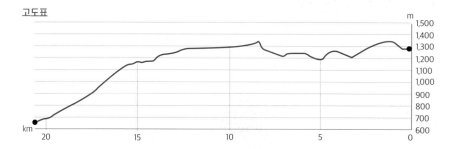

🐚 오 세브레이로의 공립 알베르게에서 LU-633번 도로를 따라 산길을 내려오면 리냐레스Liñares가 나온다. LU-633번 도로를 따라 경사가 완만한 길을 걸어 산 로케 고개Alto de San Roque를 오른다. 정상에 커다란 순례자 동상Monumento ao Peregrino이 있다. 많은 순례자가 이곳에서 기념사진을 찍는다.

다시 LU-633번 도로를 따라 가면 오스피탈Hospital da Condesa을 지난다. 1km 정도 가면 오른쪽 숲길로 들어간다. 조금 걸으면 작은 성당Iglesia de San Juan de Padornelo이 나온다. 파도르넬로 마을을 지나 짧지만 가파른 오르막길을 오른다. 숨이 턱까지 찰 즈음 포요고개Alto do Poio에 도달한다. 정상에는 바Albergue del Puerto가 있다. 이곳에서 잠시 쉬었다가 LU-633 도로를 따라 계속 내려가면 폰프리아에 도착한다. 이후부터는 쉬운 내리막길이다.

마을을 통과하여 LU-633번 도로와 나란히 뻗은 흙길을 걸어 내려가면서 비두에도Viduedo, 피요발Fillobal를 지난다. 피요발에 있는 바Bar Aira do Camiño에서는 우리나라의 시래기국밥과 비슷한 음식을 판매한다. 고춧가루도 제공한다. 스페인 갈라시아 지방의 음식 중 하나인 깔또 가예고Caldo Gallego라는 수프이다. 고

1 피요발 식당의 시래기국밥 2 포요고개의 바 전면 모습

산 로케 고개

산 로케 고개의 순례자 동상

오스피탈 가는 길

기와 채소를 넣고 끓인 수프다.

갈리시아 지방은 소나 가축을 많이 기른다. 농가 중에는 1층은 축사로, 2층은 집으로 사용하는 집도 있다. 길가에서 소 떼를 자주 만나게 된다. 마을을 지날 때 소똥 냄새가 난다. 가축을 지키는 개들도 크고 사나워 보인다.

다시 길을 간다. 파산테스를 거쳐 오늘의 목적지 트리아카스텔라Triacastela에 도착한다. 트리아카스텔라 초입에 있는 오래된 고목과 돌담집이 인상적이다. 커다란 벽화가 보이는 건물을 지나 마을로 들어선다. 산티아고 대성당을 짓는데 석회석을 공급한 마을이다. 산에 둘러싸인 마을이 조용하고 예쁘다.

트리아카스텔라 입구 벽화

트리아카스텔라 성당

🏨🍴 숙소와 맛집 안내

🏨 콤플렉소 사코베오 알베르게
Albergue Complexo Xacobeo

트리아카스텔라 마을 중간에 있는 깨끗한 알베르게이다. 침대는 이층 나무 침대이고, 침대 사이 공간이 넓다. 다인실 가격이 12유로이다. 주방은 사용할 수 있다. 식당도 함께 운영한다. 음식이 맛있다. 펜션도 함께 운영한다.

📍 Rúa Santiago, 8, 27630 Triacastela, Lugo
📞 +34 982 548 037 ⓘ 시설 수준 상

🏨🍴 파릴야다 사코베오 레스토랑
Parrillada Xacobeo Restaurante

트리아카스텔라 마을 중간에 있는 식당이다. 오늘의 메뉴, 가리비 조개구이 등 메뉴마다 맛이 좋다. 직원도 친절해 순례자들로 항상 붐빈다. 알베르게와 함께 운영한다.

📍 Rúa Santiago, 4, 27632 Triacastela, Lugo, 스페인
📞 +34 982 548 480
ⓘ 시설 수준 상

🏨 레모스 펜션-알베르게 Pensión-Albergue Lemos

트리아카스텔라 마을 초입에 있는 펜션 겸 알베르게이다. 알베르게 시설이 넓고 깨끗하다. 주인도 매우 친절하다. 방마다 욕실과 화장실, 개인 사물함이 있다. 1층 주방에서 취사할 수 있다. 다인실 가격은 12유로이다.

📍 Av. Castilla, 24, 27630 Triacastela, Lugo
📞 +34. 677. 117 238 ⓘ 시설 수준 상
🔗 http://www.pensionalberguelemos.com

🍴 아이라 도 카미노 바 Bar Aira do Camiño

코스 후반부 피요발에 있는 식당이다. 스페인식 시래기국밥을 판매한다. 고기와 뼈를 우려낸 육수에 우거지와 감자 등을 넣고 끓인 수프이다. 국물에 밥을 말아 먹는다. 수프 가격은 4.5유로이고, 밥은 1유로이다. 고춧가루도 제공된다. 김치가 없는 것이 아쉽다.

📍 Fillobal, 1, 27630 Fillobal, Lugo
📞 +34 607 429 138

28 | 트리아카스텔라-사리아
거리 약 23.8km 소요 시간 6~7시간 난이도 중 풍경 매력도 중

오늘은 최종 목적지까지 약 110km를 남겨둔 사리아까지 가는 날이다. 트리아카스텔라 마을 끝에서 갈림길이 나온다. 여기서부터는 루트가 둘이다. 하나는 사모스 수도원을 방문하는 사모스 루트이고, 다른 하나는 이보다 7km 정도 짧은 산실 루트이다. 어느 루트로 갈지 선택해야 한다. 이번이 첫 번째 카미노라면, 사모스 루트를 추천한다.

상세경로

- 아발사 A Balsa
- 0.6km
- 2.4km
- 3.0km
- 1.8km
- 1.9km
- 아기아다 Aguiada
- 칼보르 Calvor
- 1.2km
- 산실 San Xil
- 출발
- 3.5km
- 1.6km
- 푸렐라 Furela
- 몬탄 Montán
- 트리아카스텔라 Triacastela
- 도착 사리아 Sarria
- 산 마메데 도 카미뇨 San Mamede do Camiño
- 핀틴 Pintín
- 페로스 Perros
- 1.5km
- 시빌 Sivil
- 4.1km
- 0.5km
- 0.7km
- 3.4km
- 프레이투세 Freituxe
- 렌체 Renche
- 산크리스토보 도 레알 San Cristovo do Real
- 1.1km
- 1.7km
- 1.7km
- 고로페 Gorolfe
- 1.4km
- 산 마르티뇨 도 레알 San Martiño do Real
- 사모스 Samos
- 4.2km

사리아 가는 길

코스 특징과 유의 사항 트리아카스텔라를 나오는 길에 두 개의 루트를 가리키는 카미노 비석이 있다. 사모스 루트와 산실 루트이다. 두 루트는 아기아다Aguiada에서 다시 만나 사리아로 들어간다. 사모스 루트가 7km 정도 더 길지만 오르막이 없어 수월하게 걸을 수 있다. 오비오강을 따라 숲길을 걷고 사모스 왕립 수도원도 구경할 수 있다. 산실 루트는 거리는 짧지만 오르막과 산길이 많다. 체력과 기호에 따라 선택해서 걷는다.

포토 존과 가볼 만한 곳 사모스 수도원

고도표

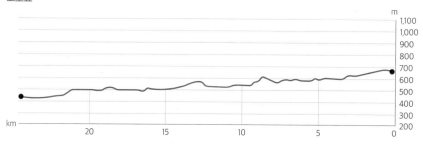

🐚 트리아카스텔라 마을 끝 건물 벽면에 두 개의 카미노 표식이 있다. 산실 루트와 사모스 루트 갈림길이다. 왼쪽의 사모스 루트를 소개한다. 마을을 나와 LU-633번 도로 옆길을 걸어 산 크리스토보 마을로 간다. 조그만 마을을 벗어나 오리비오강Rio Oribio과 나란히 이어지는 숲속의 조용한 숲길을 걸어 렌체, 라스트레스, 프리투세, 산 마르티노 도 레알을 지나 LU-633 도로를 건넌다. 조금만 가면 사모스 수도원이 보이는 전망대Mirador de Samos가 나온다. 마을 초입에 있는 사리아강Rio Sarria을 건너 오른쪽 도로로 가면 사모스 수도원Samos Monastery이 나온다. 내부 관람을 위한 가이드 투어 프로그램을 운영 중이다. 투어는 시간대별로 진행한다. 기념품 가게에서 신청하면 된다.

LU-633번 도로를 따라 내려가 마을을 빠져나온다. 계속 걸어가다 오바오 초입의 바 Meson Pontenova에서 오른쪽 숲길로 향한다. 고로페, 시빌, 페로스를 지나 아기아다에

트리아카스텔라 마을 끝 갈림길

사모스 전망대

사모스 수도원

사모스 수도원 내부 모습

1 아기아다 이정표 2 산실 루트의 작은 화실 3 산실 루트 화실의 화가

도착한다. 이곳에서 산실 루트와 만난다. LU-P-5602번 도로 옆 흙길을 따라 지루한 길을 가면 사리아에 도착한다.

사리아는 산티아고 순례길의 마지막 큰 도시이다. 산티아고 데 콤포스텔라까지 약 110km 전방에 있는 도시이다. 이곳에서 출발하여 산티아고까지 걷는 순례자들도 매우 많다. 사리아부터는 세요를 두 개 이상씩 받는다. 산티아고에서 완주증을 받을 때 생장에서 출발한 순례자에게는 큰 문제가 없는데, 사리아에서 출발한 순례자들은 두 개 이상의 세요를 확인하는 경우가 있기 때문이다.

* 산실 루트는 오르막 산길이 많지만 길이 잘 정비돼 있어서 크게 힘들지는 않다. 원래 전통 루트라고 한다. 첫 마을인 아발사에 도착하기 전에 작은 화실이 있다. 화가가 그림을 그리면서 전시도 하고 판매도 한다. 이곳을 지나 산실, 몬탄, 폰테아쿠다, 푸렐라, 핀틴, 칼보르를 지나면 아기아다에 이르러 사모스 루트와 만난다.

🛏️🍴 숙소와 맛집 안내

🛏️ 알폰소 9세 호텔
Hotel Alfonso IX

사리아 동남쪽 구역 사리아강 옆에 있는 4성급 호텔
이다. 위치도 좋고, 풍경도 좋다. 식당과 야외 수영장,
운동 시설을 갖추고 있다. 1박 가격은 10만 원 안팎
이다.

📍 R. Peregrino, 29, 27600 Sarria, Lugo
📞 +34 982 530 005
ⓘ 시설 수준 상
☰ http://www.alfonsoix.com/

🛏️ 산 라사로 사리아 알베르게
Albergue San Lazaro Sarria

사리아 서쪽 외곽에 있다. 위치가 외져서 불편하다. 인
근에 대형 슈퍼가 있다. 시설은 조금 낙후되었다. 부킹
닷컴 예약 가능하고 다인실 가격은 12유로이다.

📍 Rúa San Lázaro, 7, 27600 Sarria, Lugo
📞 +34 645 162 449
ⓘ 시설 수준 하

🍴 아 칸티나 풀페리아 루이스
A Cantina Pulpería Luís

사리아 동쪽 구역 사리아강 옆에 있다. 갈리시아의 대
표 음식인 뽈뽀가 유명한 식당이다. 점심시간만 문을
연다. 늦게 가면 재료가 소진되어 음식을 먹지 못하
는 수도 있다.

📍 Rua Calvo Sotelo, 124, 27600 Sarria, Lugo
📞 +34 982 535 334

29 | 사리아-포르토마린

거리 약 22.4km 소요 시간 5~6시간 난이도 중 풍경 매력도 중

오늘은 의미 있는 날이다. 산티아고까지 100km 남았다는 비석을 만난다. 기념사진을 찍고 여기까지 무탈하게 오게 된 것을 감사하며 자축한다. 사리아에서 순례를 시작하는 사람이 눈에 띄게 늘어난다. 4~5일 단기로 걷는 단체 순례자도 많이 보인다. 사리아 이후부터는 알베르게 수도 많고 시설이 좋은 곳도 많다.

상세경로

포르토마린 Portomarín
도착
2.3km
아파로차
A Parrocha
빌라차   1.4km   메르카도이로
Vilachá   Mercadoiro
              1.6km
                        2.8km
                페레이로스
                Ferreiros
            아페나   1.1km
            A Pena
                  모르가데   2.8km
                  Morgade
              1.1km
                        페루스카요
                        Peruscallo
                                렌테
                                Rente
                          3.9km
                                1.6km
                                    빌레이
                                    Vilei
                                    3.8km
                                          사리아
                                          Sarria
                                          출발

포르토마린 마을 전경

코스 특징과 유의 사항 초반에는 오르막과 내리막이 이어지는 오솔길과 도로를 많이 걷는다. 쉬어 갈 그늘도 있고, 밤나무가 많이 자란다. 집 몇 채만 있는 아주 작은 마을이 자주 나타난다. 오늘 코스 중간쯤인 아페나에 서 산티아고까지 100km 남았다는 카미노 비석이 반겨준다. 포르토마린 도착 전 빌라차 마을 끝에서 갈림길 이 나온다. 오른쪽 내리막길을 추천한다. 왼쪽이 전통 카미노이지만, 경사가 심하고 바닥에 돌이 많다. 사리아 부터는 세요를 하루에 2번 이상 받는다.

포토 존과 가볼 만한 곳 아페나의 100km 카미노 비석, 포르토마린의 산 소안 성당(일명 산 니콜라스 성당)

<u>고도표</u>

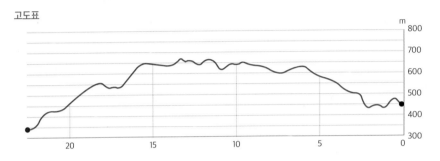

🐚 사리아 외곽의 페케뇨강Río Pequeño 돌다리Ponte da Áspera를 건너고 도로를 지나 숲길로 들어간다. 갈라시아 지방은 바다와 가까워 습하고 비도 많이 오기 때문에 이끼 낀 돌이 많다. 몇 집씩 모여 있는 작은 마을이 짧은 구간마다 나타난다. 사람이 살지 않고, 쉴 곳이 없는 마을이 많다.

빌레이 마을 초입의 바Albergue Casa Barbadelo를 지나 바르바델로의 포장된 도로를 걷는다. 조금만 가면 왼쪽 흙길로 안내하는 카미노 비석이 나타난다. 비석이 가리키는 곳을 따라 렌테 마을로 들어간다. 포장된 시골길을 걷는다. 아세라에서 LU-P-5709 도로와 만난다. 도로를 건너 숲길을 걷다가 LU-633 도로를 건넌다. 포장된 길을 따라 페루스카요 초입에 다다르면 코너에 바Peruscallo가 보인다. 잠시 쉬었다가 마을을 통과한다. 평탄한 길을 따라 모르가데, 페레이로스를 지난다. 페레이로스를 나오면 돌로 벽에 그린 노란 화살표가 인상적인 바Albergue-Restaurante Casa Cruceiro de Ferreiros를 만난다. 내리막길을 내려오면 미라요스의 코너에 공동묘지와 조그만 성당Iglesia de Santa María de Ferreiros이 자리하고 있다. 아페나에 이르면 산티아고까지 100km 남았다는 기념비가 반겨 준다. 기념사진을 남긴다.

아페나와 메르카도이로를 차례로 지나면 무트라스Moutras에 이

산티아고까지 100km 남았음을 알려주는 비석

한가로운 모르가데 마을 모습

아페나 가는 길

1 빌라차 마을 끝 갈림길 2 포르토마린 올라가는 계단 3 포르토마린 중심에 있는 바

르러 잡화점Tienda Peter Pank이 보인다. 가게 앞에 많은 조가비를 진열해 두었다. 컵라면과 김치를 판매하지만, 문을 열지 않은 날이 많다. 아파로차를 지나 빌리차에 도착하면 오늘의 목적지인 포르토마린이 보인다.

빌라차 끝에 갈림길이 있다. 왼쪽이 정통 카미노이다. 하지만 막바지에 좁고 경사가 심한 돌길을 내려와야 한다. 미끄러지지 않게 각별한 주의가 필요하다. 오른쪽 루트가 편하게 내려올 수 있으므로, 이 길을 추천한다. LU-633번 도로와 만나 오른쪽으로 조금 올라가면 미뉴강을 건너는 다리가 보인다. 이 다리를 건너 높은 계단을 올라가면 포르토마린Portomarin에 도착한다. 포르토마린은 댐을 건설하면서 마을이 수몰되자, 지금의 위치에 마을을 새로 건설하였다. 강 밑에서 옛 마을의 흔적을 볼 수 있다. 새로 건설한 마을답게 깨끗하고 현대적이다. 마을 중심에 있는 산 소안 성당Igrexa de San Xoán de Portomarin은 수몰지에 있던 성당의 벽돌을 하나하나 옮겨 원형 그대로 복원했다. 🏛️

🏨🍴 숙소와 맛집 안내

🏨 카소나 다 폰테 알베르게 Albergue Casona da Ponte

포르토마린 마을 초입에 있다. 미뇨강에 놓인 다리Ponte Nova de Portomarín에서 가깝다. 강변에 있어서 경치가 좋다. 시설이 매우 깨끗하다. 다양한 타입의 룸이 있다. ⓥ Camiño da Capela, 10, 27170 Portomarín, Lugo 📞 +34 982 169 862 ⓘ 시설 수준 상 ☰ http://casonadaponte.com/

🏨🍴 폰스 미네아 알베르게 Albergue Pons Minea

카소나 다 폰테 알베르게 옆에 있다. 시설이 좋고 깨끗하다. 식당과 함께 운영한다. 식당은 1층에 있다. 인기가 많은 식당이다. ⓥ 27170 Portomarín, Lugo 📞 +34. 686. 456 931 ⓘ 시설 수준 중 ☰ http://www.ponsminea.es/

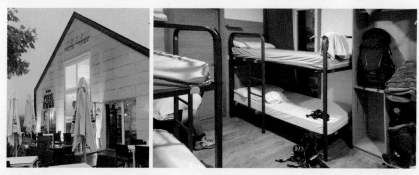

🏨🍴 카사 크루즈 Casa Cruz

포르토마린 중심부에 있는 맛집이다. 갈라시아 지방의 대표적인 문어 음식인 뽈뽀와 가리비구이 등을 판매한다. 알베르게도 함께 운영한다. ⓥ Rúa Benigno Quiroga, 16, 27170 Portomarín, Lugo 📞 +34 982 545 140

🍴 오 미라도르 O Mirador

미뇨강를 내려다보면서 식사를 할 수 있는 전망 좋은 식당이다. 카소나 다 폰테 알베르게와 폰스 미네아 알베르게에서 가깝다. 소고기 스테이크가 일품이고 장어튀김도 맛있다.
ⓥ Rúa do Peregrino, 27, bajo, 27170 Portomarín, Lugo 📞 +34 982 545 323

30 | 포르토마린-팔라스 데 레이

거리 약 25.1km 소요 시간 6~7시간 난이도 중 풍경 매력도 중

어제와 비슷한 평탄한 길을 걷는다. 기둥을 세우고 땅에서 올려 지은 폭이 좁고 긴 건축물을 보게 된다. 오레오Horreo라고 하는 곡물 저장 창고이다. 갈리시아 지방은 목축업도 발달했지만, 스페인에서 손꼽히는 곡창지대이다. 습한 기후와 설치류의 피해를 막기 위해 땅바닥에서 올려 건축했다. 벽은 환기가 잘되도록 지었다.

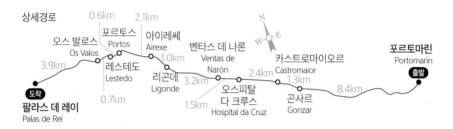

상세경로

오스 발로스 Os Valos
포르토스 Portos
0.6km
아이레쎄 Airexe
2.1km
벤타스 데 나론 Ventas de Narón
카스트로마이오르 Castromaior
포르토마린 Portomarín
출발

3.9km
레스테도 Lestedo
리곤데 Ligonde
1.0km
오스피탈 다 크루스 Hospital da Cruz
3.2km
곤사르 Gonzar
2.4km
1.3km
8.4km

도착
팔라스 데 레이 Palas de Rei
0.7km
1.5km

벤타스 데 나론의 예쁜 바

코스 특징과 유의 사항 포르토마린에서 다리를 건너면 갈림길이다. 왼쪽은 산 로케San Roque까지 가파른 언덕을 올라가는 전통 루트이고 오른쪽은 대안으로 만든 길이다. 오른쪽을 추천한다. 초반부터 리곤데까지 리곤데 산맥을 서서히 올라간다. 약 350m 고도차가 난다. 아름다운 숲길과 도로 옆을 걸어 그다지 힘들지 않다. 얼마 남지 않은 카미노를 즐기면서 천천히 걷는다. 다만, 도로를 여러 번 건너야 하므로 주의가 필요하다.
포토 존과 가볼 만한 곳 팔라스 데 레이Palas de Rei의 산 티로스 성당

고도표

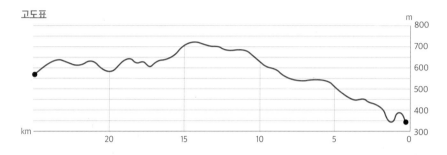

🐚 포르토마린 마을을 내려와 LU-633번 도로를 걷는다. 왼쪽에 있는 다리를 건너면 갈림길에 카미노 비석이 보인다. 왼쪽은 산로케까지 가파른 언덕을 오르는 전통 길이고, 오른쪽은 대안으로 만든 길이다. 오른쪽 길을 추천한다. 3.5km 정도 가면 두 길이 LU-633번 도로에서 만난다. 도로 옆길을 5km 정도 걸으면 왼쪽에 곤사르가 있다. 마을 초입에 바Hosteria de Gonzar가 보인다. 많은 순례자가 이곳에서 쉬면서 아침을 먹는다. 마을 끝 도로에서 왼쪽 오솔길로 접어든다.

카스트로마이오를 지나 고대 켈트족의 요새 유적지Castro de Castromaior를 지나 도로를 건너 LU-633번 도로 옆 흙길을 걷는다. 오스피탈 데 크루스 도착 전에 한 번 더 도로를 건너 마을로 들어간다. 이 마을은 이름에서 짐작할 수 있듯이 순례자를 위한 병원이 있었던 곳이다. 중세 때 힘들고 고단한 길을 걷다가 병들고 숨진 순례자들이 많았다.

마을을 나와 고가도로를 건너기 위해 로터리에 이르면 바Bar taberna do camiño가 있다. 고가도로를 건널 때 차량을 조심한다.

곤사르를 지나는 순례자

팔레스 데 레이 입구 공원을 지나는 순례자들

팔레스 데 레이 마을 중심을 걷는 순례자들

왼쪽 길로 내려가다가 다시 오른쪽 산속으로 올라간다. 벤타스 데 나론Ventas de Narón으로 향하는 완만한 오르막이다. 포장된 길이라 걷기 편하다. 나무가 있는 예쁜 바Albergue O cruceiro를 지나면 쉼터가 있다.

리곤데 언덕까지 약 3km의 완만한 오르막이 계속된다. 다시 완만한 오르막을 걸어 에이레쎄Airexe를 지난다. 풍경이 비슷한 길을 계속 걸어 포르토스, 레스테도, 오스 발로스를 지나 아브레아에 도착한다. N-547번 도로를 따라 흙길을 걷다 로사리오에서 왼쪽 길로 들어간다. 공원Area recreativa os chacotes에서 오른쪽의 공립 알베르게Albergue de peregrinos Os Chacotes와 왼쪽의 축구장을 지나 숲길을 벗어나면 오늘의 목적지인 팔라스 데 레이Palas de Rei 마을에 도착한다. 성당 외관이 인상적인 산 티로스 성당Igrexa de San Tirso de Palas de Rei이 마을 중심에 있고, 그 주변에 식당과 판매시설들이 몰려있다.

곤사르 초입의 바

오스피탈 다 크루스 끝에 있는 로터리 앞 바

🏨🍴 숙소와 맛집 안내

🏨 알베르게 이 펜시온 산 마르코스 Albergue y Pensión San Marcos

팔라스 데 레이의 산 티르소 성당 옆에 있는 숙소이다. 규모가 제법 크다. 건물과 시설이 깨끗하다. 다양한 타입의 룸이 있다. 다인실 가격은 15유로이다. ⊙ Travesía da Igrexa, s/n, 27200 Palas de Rei, Lugo

📞 +34 982 380 711 ⓘ 시설 수준 상 ☰ https://alberguesanmarcos.es/

🏨🍴 메손 데 베니토 알베르게 Albergue Mesón de Benito

팔라스 데 레이마을 초입에 있다. 시설이 깨끗하고 개인 사물함도 있다. 주인이 매우 친절하다. 규모가 커 단체 순례객도 함께 묵을 수 있다. 다인실 숙박비는 14유로이다. 1층에 식당이 있다. ⊙ Rúa da Paz, 27200 Palas de Rei, Lugo

📞 +34 636 834 065 ⓘ 시설 수준 중 ☰ http://alberguemesondebenito.com/

31 | 팔라스 데 레이-아르수아

거리 약 28.1km 소요 시간 7~8시간 난이도 중 풍경 매력도 중

큰 어려움이 없는 구간이다. 코스 중간에 멜리데라는 마을을 지난다. 프랑스 순례길과 원조 카미노로 알려진 약 300km의 프리미티보 순례길이 이 마을에서 만난다. 도시 분위기가 나는 꽤 큰 마을로, 두 루트를 걸어온 많은 순례자를 볼 수 있다. 멜리데에 뽈보로 유명한 맛집이 있다. 화이트 와인에 뽈보를 즐기면서 끝나가는 카미노의 아쉬움을 달래보는 것도 좋을 듯하다.

상세경로

아르수아 Arzúa (도착)
2.2km
리바디소 Ribadiso
3.1km
카스타네다 Castañeda
2.3km
보엔테 Boente
5.8km
멜리데 Melide
1.5km
푸레로스 Furelos
4.0km
레보레이로 Leboreiro
0.6km
오코토 O Coto
2.9km
카사노바 Casanova
1.0km
산 술리안 도 카미노 San Xulián do Camiño
1.1km
3.6km
폰테 캄파냐 Ponte Campaña
팔라스 데 레이 Palas de Rei (출발)

리바디소 입구의 중세 다리

코스 특징과 유의 사항 팔라스 데 레이 마을을 나와 N-547번 도로 옆길과 숲길을 따라 걷는다. 완만한 오르막과 내리막이 반복된다. 마지막 리바디소부터 아르수아까지 오르막이 3km 정도 이어진다. 멜리데 시내를 걸을 때 헤매지 않도록 주의한다.
포토 존과 가볼 만한 곳 멜리데의 산 로케 예배당

고도표

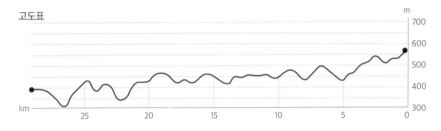

팔라스 데 레이 마을을 빠져나와 N-547번 도로를 따라 한참 걸으면 산 술리안 도 카미노San Xulián do Camiño 마을에 닿는다. 마을 끝에 조그만 바The Essential Coffee Home가 있다. 여주인이 만드는 홈 메이드 애플파이가 맛있다. 폰테 캄파냐의 완만한 오르막을 걸어 카사노바를 지나 오 코토에 이른다. 마을 초입에 폐차장이 있는 마을이다. 이어서 레보레이로를 지난다.

마을을 나와 세코강Rio Seco의 돌다리Puente da Madalena를 건너 조금 걸으면 N-547번 도로변의 긴 공원과 기업들이 모여 있는 지역Parque Empresarial de la Madanela을 지난다. 조금 후 얼마쯤 숲길을 걷는다. 이윽고 고대 로마 시대에 세운 돌다리Ponte de San Xoán de Furelos를 건너 푸렐로스 마을로 들어간다. 마을의 산 후안 성당을 지나 1.5km 남짓 걸으면 멜리데에 이른다.

레보레이로의 산타마리아 성당

외곽의 주택가를 지나 N-547번 도로와 만나는 곳에서 왼쪽으로 가면 유명한 뽈뽀 전문 식당Pulpería Ezequiel이 나온다. 이곳에서 점심 겸 휴식 시간을 갖는다. 건너편에는 산 로케 예배당Capela de San Roque이 있다. 로마네스크와 고딕양식의 요소를 결합한

필레스 데 레이 마을 외곽

멜리데 가는 길

보엔테 가는 길의 가판대

건축물이다. 카미노 표식을 잘 보면서 시내를 통과해 멜리데를
빠져나온다. 마을 외곽의 공원묘지를 지나 N-547번 도로를 건
너 조금 걸으면 오른쪽에 산타 마리아 성당Igrexa de Santa María
de Melide이 보인다.

숲길과 시골길을 따라 한참을 걸어서 보엔테Boente에 들어선다.
N-547번 도로가 마을 가운데를 지나간다. N-547번 도로를 건너
성당Igrexa de Santiago de Boente을 지나 마을을 통과한다. N-547
도로 밑을 지나 숲길을 걸으면 보엔테강Río Boente이다. 강을 지
나 오르막길을 걷는다. 카스타네다Castañeda 마을을 지나 고가 다
리를 통해 N-547번 도로를 건넌다. 숲길을 걸어 이소강Río Iso의
돌다리Ponte medieval de Ribadiso를 건너면 리바디소 마을에 도착
한다. 리바디소에서 목적지까지 약 3km는 오르막이 이어지는 힘
든 구간이다. N-547 도로를 따라 아르수아에 도착한다.

리바디소 가는 길

🛏🍴 숙소와 맛집 안내

🛏 로스 트레스 아베토스 알베르게 Albergue Los Tres Abetos

아르수아 초입의 순례길 옆에 있는 알베르게이다. 주인이 친절하고 시설이 좋은 편이다. 다인실이지만, 침대가 깨끗하고 개인별 분리가 잘되어 있어서 편리하다. 타월과 이불도 제공해 준다. 1층에 주방에서 취사할 수 있다. 부킹닷컴에서 예약할 수 있고, 다인실 가격은 17유로이다. 테이블이 놓인 뒤편 마당에서 쉬거나 빨래를 널 수 있다.

📍 Rúa Lugo, 147, 15810 Arzúa, A Coruña
📞 +34 649 771 142 ⓘ 시설 수준 상
≡ https://www.hotelesdirect.com/los-tres-abetos/

🛏🍴 울트레이아 알베르게 Abergue Ultreia

아르수아 마을 초입에 있다. 로스 트레스 아베토스 알베르게에서 마을 쪽으로 3분쯤 걸으면 나온다. 시설이 깨끗하고, 마을 외곽이라 조용한 편이다. 다인실은 나무와 철제 이층 침대로 구성돼 있다. 침대 칸막이가 있어서 편리하다. 담요도 제공해 준다. 1층에 바가 있다. 식사하기 위해 따로 식당을 찾지 않아도 돼서 편리하다.

📍 Rúa Lugo, 126, 15810 Arzúa, A Coruña
📞 +34 981 500 471 ⓘ 시설 수준 상

🍴 풀페리아 에세키엘 Pulperia Ezequiel

31일 차 코스 중간 마을 멜리데에 있는 식당이다. 스페인 최고의 뽈뽀 맛집 중 한 곳으로 여러 언론에 소개될 만큼 유명하다. 화이트 와인을 막걸리처럼 사발에 따라 마신다. 뽈뽀와 함께 먹으면 와인 맛이 더 좋다.

📍 Rúa Cantón San Roque, 48, 15800 Melide, A Coruña 📞 +34 081 505 291

32 | 아르수아-오 페드로우소

거리 19.5km 소요 시간 5~6시간 난이도 하 풍경 매력도 중

산티아고 데 콤포스텔라까지 이틀 남았다. 곧 카미노가 끝난다는 아쉬움을 안고 여유롭게 즐기며 걷는다.
작은 마을도 많고 바도 많다. 바에 자주 들러 휴식을 취하다 보면 예상 시간보다 속도가 늦어질 수 있다.
체력이 허락하는 사람들은 아침 일찍 출발하여 약 40km 거리의 산티아고까지 걸어가 대미를 장식한다.

상세경로

등산화로 만든 아칼레 마을의 화분

코스 특징과 유의 사항 N-547번 도로를 여러 번 교차하면서 걷는 짧은 구간이다. 길이 단순하고 큰 경사가 없다. N-547번 도로와 자주 마주치게 되므로 항상 차량을 조심하며 걷는다.

고도표

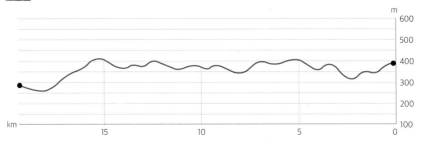

🐚 아르수아 마을을 관통하는 N-547번 도로를 따라가다가 오른쪽에 지방법원Xulgado de Primeira Instancia e Instrución Único과 슈퍼마켓 디아dia가 있는 곳에서 반대편 아랫길로 내려가 마을 외곽을 빠져나간다. 숲길을 걸어 넓은 목초지를 지나면 조용한 프레곤토뇨Pregontoño에 이른다. 아 페로사 아스퀸타스 마을을 지난다. A-54번 고속도로를 고가도로로 건너 숲길을 지나 아 칼사다A Calzada 마을에 도착한다.

프레군토뇨의 바

숲길을 걸으며 아 칼레, 보아비스타를 지난다. N-547번 도로와 만나면 아 살세다A Salceda에 도착한다. 숲속 길로 다시 올라간다. 이곳에는 산티아고 도착을 하루 남기고 사망한 기예르모 와트 순례자를 기리는 기념비와 청동으로 만든 신발이 있다. 숲을 벗어나 공장이 나오면서 N-547번 도로와 만난다. 도로를 건너 다시 숲길로 들어간다. 한참 걷다가 다시 N-547번 도로를 건너 아 브레아(A Brea)에 도착한다.

아르수아의 새벽 풍경

아칼레 가는 길

1 오 페드로우소의 방향표 2 오 페드로우소 마을 초입 3 오 페드로우소의 마을 전경

아 브레아 마을을 나와 N-547번 도로를 따라 산타 이레내Santa Irene에 이른다. 다음엔 N-547번 도로변의 휴게소가 나온다. N-547번 도로를 건너 휴게소를 지난다. 조금 더 걸어 아 루아A Rúa에 도착한다.

아 루아 마을을 나와 N-547번 도로를 만나는 지점부르고 마을, O Burgo에서 도로를 건너면 산속으로 들어가는 카미노 표식이 나온다. 표식을 따라 산속으로 들어가지 말고 N-547번 도로를 따라 왼쪽산티아고 방향으로 걸어 오 페드로우소O Pedrouzo 마을에 도착한다. 산속으로 들어가면 돌아서 마을에 이르게 된다. 자칫 오 페드로우소 마을을 지나칠 수도 있다. 마을은 N-547번 도로 양편에 넓게 들어서 있다. 오 페드로우소는 산티아고에 도착하기 전에 마지막으로 묵는 마을이다.

🍴 숙소와 맛집 안내

🛏 미라도르 데 페드로우소 알베르게
Albergue Mirador de Pedrouzo

마을 초입, N-547번 도로 옆 언덕에 있다. 규모가
제법 크다. 정원이 넓고 풀장을 갖추고 있다. 객실
이 깨끗하고 샤워 시설도 좋다. 객실 전망이 좋다.
다양한 타입의 룸이 있고, 다인실 가격은 13유로
이다.
📍 Av. Lugo, S/N, 15823 O Pedrouzo, A Coruña
📞 +34 686 871 215
ⓘ 시설 수준 상
☰ https://www.alberguemiradordepedrouzo.com/

🛏 오 트리스켈 알베르게 Albergue O Trisquel

오 페드로우소 마을 초입에 있다. 미라도르 데 페드로우소 알베르게에서 마을로 3분 더 들어가야 한다. 시설
이 깨끗하고 위치가 좋다. 다인실은 이층 철제 침대이다. 주방을 사용할 수 있고, 여러 개 소파가 있는 휴게실
을 갖추고 있다. 자판기가 있어서 편리하다.
📍 Arca, Rúa Picón, 1, 15821 O Pedrouzo, A Coruña
📞 +34 616 644 740 ⓘ 시설 수준 중

🍴 오 페드로우소 바 Bar O Pedrouzo

오 페드로우소 중심부에 있는 카페 겸 바이다. 숯불
바비큐가 맛있는 식당이다. 카미노의 마지막을 즐기
기 좋다.
📍 Rúa Concello, 3, 15821 O Pedrouzo, A Coruña
📞 +34 981 511 083

🍴 파리야다 레게이로 레스토랑 Restaurante Parrillada Regueiro

오 페드로우소 중심부에 있는 레스토랑이다. 오 페드로우소 바에서 도보 2분 거리에 있다. 소고기 스테이크 맛
집이다. 뽈뽀, 생선 음식과 가리비구이도 판매한다.
📍 Avenida Santiago, 5 BAJO-PEDROUZO ARCA, 15821, A Coruña 📞 +34 981 511 109

33 | 오 페드로우소-산티아고 데 콤포스텔라
거리 19.3km 소요 시간 5~6시간 난이도 중 풍경 매력도 중

카미노 마지막 일정이다. 산티아고 공항을 지나면 라바코야 마을이다. 중세 때 순례자들이 산티아고에 도착하기 전 몸을 깨끗이 씻던 곳이다. 마지막에 만나는 몬테 델 고소는 '기쁨의 산'이라는 뜻이다. 저 멀리 산티아고 대성당이 보이자, 순례자들이 기쁨의 눈물을 흘렸다는 데서 유래했다. 이곳에서 제주 돌하르방을 볼 수 있다. 공동 마케팅 협약의 뜻으로 상징물을 전시하고 있다.

상세경로

몬테 데 고소의 순례자 동상

코스 특징과 유의 사항 중반부의 리바코야와 몬테 델 고소 사이의 오르막이 다소 힘이 들 수 있다. 이곳을 지나 산티아고 시내를 5km 정도 걸어가면 마침내 산티아고 대성당에 도착한다. 산티아고 시내에서 카미노와 대성당 표식을 잘 살피며 걷는다. 시내에서는 차량을 조심한다.
포토 존과 가볼 만한 곳 몬테 델 고소 공원의 순례자 동상과 제주 올레 돌하르방, 산티아고 대성당

고도표

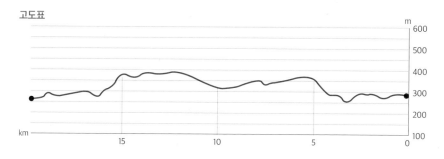

🐚 오 페드로우소 중심에 닭 조각상이 인상적인 시청Concello de O Pino이 있다. 이 곳에서 언덕길을 올라가면 축구장Campo de fútbol de Reboredo이 나온다. 여기에서 카미노를 만난다. 왼쪽 숲길로 들어가면 산 안톤San Antón을 지나 아메날에 도착한다. N-547번 도로 건너 코너에 있는 바Hotel parrillada를 지나 다시 숲속으로 들어간다. 숲길을 따라 언덕Carballeira de Cimadevila을 넘어가면 산티아고 공항 활주로를 만난다. 활주로를 돌아가면 A-54 고속도로를 건너는 고가다리가 보인다. 고가를 건너지 말고 왼쪽 길로 가면 산티아고 입구를 알리는 기념비Hito entrada Concello de Santiago de Compostela가 반겨준다. 길을 따라 쭉 걸어가며 산 파이오를 지난다.

SC-21번 도로 지하도를 건너 라바코야 마을로 간다. 중세 때 순례자들이 이곳에서 몸을 씻고 산티아고에 입성했다. 산 파이오 성당Igrexa de San Paio de Sabugueira을 돌아

오 페드로우소 시청 앞의 수탉 기념탑

라바코야의 조그만 성당

N-634번 도로를 건넌다. 오르막 숲길로 들어간다. 오레오 창고 옆 시온야강의 작은 다리를 건너면 산티아고가 10km 남았다는 비석을 만난다. 이곳을 지나 빌야마이오르Vilamaior 마을에 도착한다. 오르막길을 따라 갈리시아 TV 방송국과 산 마르코스 캠핑장을 지난다. 산 마르코스 마을 끝에 있는 몬테 델 고소의 조그만 예배당을 만난다.

계속 직진하면 몬테 델 고소 알베르게를 거쳐 산티아고에 들어가는데, 예배당에서 왼쪽의 공원으로 올라가 순례자 조각상Monumento ao camiñante과 제주 돌하르방을 구경한다. 몬테 델 고소는 '기쁨의 산'이라는 뜻이다. 중세에는 카미노 도중 죽는 순례자가 많았다. 갖은 고생 끝에 언덕에 도착한 순례자들이 산티아고 대성당을 보고 기쁨의 눈물을 흘렸다고 해서 이런 이름을 얻었다. 이곳엔 대형 알베르게와 야외공연장이 있다. 행사도 많이 열린다.

몬테 델 고소를 내려와 N-634번 도로를 따라 고속도로를 건넌다. 이윽고 산티아고로 진입하여 인도를 걷는다. 꽃으로 장식한

산티아고 대성당의 향로 미사

산티아고 데 콤포스텔라 안내판이 로터리에서 반겨준다. N-634 도로를 따라 직진하면 도로 가운데 탑이 있고 길이 두 갈래 길로 나뉜다. N-634 도로 옆의 루아 도 발리뇨Rua do Valino 길로 직진하여 여러 갈래 길이 만나는 광장Albergue SIXTOs no Caminho 앞에서 N-550번 도로를 건넌다. 코너의 아반카 은행ABANCA Banco을 끼고 있는 루아 도스 콘체이로스Rua dos Concheiros 길을 따라 직진한다. 조그만 광장에서 루아 데 산 페드로Rua de San Pedro 길로 직진하면 길이 조금씩 좁아지면서 멀리 산티아고 대성당의 철탑이 보이기 시작한다. 광장Praza do 8 de Marzo 앞에서 마지막 건널목을 건넌 뒤 골목길을 올라 세르반테스 광장Praza de Cervantes에 도착한다. 광장 앞은 길이 여러 갈래다. 오른쪽 길Rua de Acibecheria을 따라가면 수도원Mosteiro de San Martiño Pinario 앞에 있는 꽃장식이 아름다운 인마쿨라다 광장Praza da Inmaculada에 도착한다. 광장에서 아치형의 입구가 보인다. 산티아고 대성당의 오브라도이로 광장Praza do Obradoiro으로 들어가는 입구이다. 입구에 들어서면 순례자들을 환영하는 백파이프 연주자가 보인다. 이윽고 산티아고 대성당의 웅장한 모습이 와락 다가온다.

산티아고 대성당 앞 광장

1 산티아고 대성당 광장 입구에서의 순례객 환영 공연 2 산티아고 콤포스텔라 초입의 꽃장식 상징물
3 몬테 데 고소에 있는 제주 돌하르방

산티아고 데 콤포스텔라의 '산티아고'는 성 야고보를, '콤포스텔라'는 별이 내
리는 들녘이라는 뜻이다. 별이 비추어 주는 들판에서 성 야고보의 무덤을 발
견했다는 의미이다. 무덤이 있는 곳에 지금의 대성당을 지었다. 예루살렘, 바
티칸과 함께 3대 성지 중 한 곳이다. 이와는 별도로 이 도시는 이베리아반도
에서 무어인, 즉 이슬람 세력을 몰아내는 레콘키스타711~1492, Reconquèsta, 국
토회복운동의 초기 중심 도시였다. 레콘키스타는 '재정복'이라는 뜻이다.

대성당에서 서쪽 해안으로 89km 떨어진 곳에 땅끝마을 피니스테레Finisterre
혹은 피스테라 Fisterra가 있다. 순교한 야고보의 시신이 돌배에 실려 도착했다는
곳이다. 성지순례의 마지막 목적지로 이곳까지 걸어가는 순례자들도 많다.
3~4일 소요된다. 땅끝마을에 가면 'Km0.000'이라고 새긴 표지석을 볼 수
있다. 예전에는 이곳에서 자신이 가지고 온 물건이나 신발을 태우는 행위를
했는데 지금은 금지되어 있다. 피니스테레에서 바라보는 석양이 너무 아름답
다. 산티아고 순례길을 마친 다음 날 버스를 이용해 많은 순례객이 다녀온다.

🛏️🍴🛍️ 숙소·맛집·숍 안내

🛏️ 콤포스텔라 호텔 Hotel Compostela

산티아고 대성당 남쪽에서 있는 4성급 호텔이다. 대성당 앞 오브라도이로 광장Praza do Obradoiro에서 도보로 8분 거리이다. 오래된 5층짜리 석조 건물을 리모델링하여 외관은 고풍스럽고, 실내는 현대적이다. 객실은 훌륭하고, 직원들은 친절하다. Wi-Fi가 잘 작동한다.

⊙ Rúa do Hórreo, 1, 15701 Santiago de Compostela, A Coruña 📞 +34 981 585 700 ⓘ 시설 수준 상
☰ https://www.hotelcompostela.es/

🛏️ 호스탈 레알 데 산티아고 데 콤포스텔라 Hostal Real de Santiago de Compostela

산티아고 대성당 광장 바로 옆에 있는 5성급 파라도르 국영 호텔이다. 외관의 화려한 조각이 돋보인다. 1499년에 지은 순례자 병원을 호텔로 리뉴얼했다. 숙소에서 대성당의 야경도 감상할 수 있다.

⊙ Praza do Obradoiro, 1, 15705 Santiago de Compostela, A Coruña, 스페인
📞 +34 981 582 200 ⓘ 시설 수준 상

🍴 누마루 NuMaru

산티아고 데 콤포스텔라에 있는 한국식당이다. 음식이 매우 맛있다. 예약하면 바로 입장 가능하다. 식당을 두 개 운영 중이다. 한 곳은 치킨과 분식 전문점이고, 다른 하나는 한식 전문점이다. 치킨과 분식 전문점은 성당 남쪽 지역에, 한식 전문점은 성당 북쪽 지역에 있다. 대성당에서 도보로 15~20분 거리이다. 전화나 카카오톡으로 예약하고 방문하는 것이 좋다. (카카오톡 ID: david-numaru)

한식 전문점 ⊙ Rúa de Vista Alegre, 58, 15705 Santiago de Compostela, A Coruña 📞 +34 697 837 354
치킨과 분식 전문점 ⊙ Avenida do Mestre Mateo, 19, 15706 Santiago de Compostela, A Coruña 📞 +34 699 673 271

🍴 치나밍 레스토랑 Restaurante China Ming

대성당에서 남서쪽으로 약 1.5km 거리에 있는 중국 음식점이다. 걸어서 20분 정도 걸린다. 만두, 볶음밥 등 다양한 중국 음식을 판매한다. 가격이 합리적이다.

⊙ Av. de Romero Donallo, 25, 15706 Santiago de Compostela, A Coruña 📞 +34 981 593 673

🛍️ 언니네 편의점 Corea Market

대성당에서 남서쪽으로 15분 거리에 있는 편의점이다. '언니네 편의점'이라는 한글 상호가 무척 반갑다. 라면과 과자, 술, 양념 등을 판매한다. 순례 여행 도중에 캐리어나 물품을 이쪽으로 보내면 도착해서 찾을 때까지 보관 대행도 해준다. 먼저 전화나 카톡으로 문의하면 친절히 응답한다.

⊙ Av. de Rosalía de Castro, 29, Galerías Local 117, 15701 Santiago de Compostela, A Coruña 📞 +34 685 608 762

34 | 에필로그
산티아고 도착 후 해야 할 일

800km, 프랑스 땅 생장에서 시작한 33일 동안의 대장정이 끝났다. 하지만 아직 순례 여행의 마침표를 찍은 건 아니다. 대성당 관람, 미사 참여, 순례 증명서 받기 등 산티아고 도착 후에 해야 할 일을 간단히 정리한다.

대성당 미사 참여하기

대성당 미사는 12시에 열린다. 오 페드로우소O Pedrouzo에서 새벽에 일찍 출발하면 당일 12시 미사에 참석할 수 있다. 하지만 서둘러야 한다. 순례자 대부분은 마지막 카미노를 조금 여유롭게 걷고, 다음 날 미사에 참석한다. 종교와 관계없이 미사에 참석하여 카미노 여정을 마무리하는 것도 좋겠다. 산티아고 대성당은 향로 미사로 유명하다. 특정일이나 일정 금액 이상의 봉헌금이 있을 때 향로 미사를 거행한다. 홈페이지에서 미사에 관한 정보를 확인할 수 있다. https://catedraldesantiago.es/

©Fernando Pascullo, Wikimedia Commons

순례 증명서 받기

순례 증명서의 공식 이름은 완주 증명서이다. 카미노를 완주하고, 성 야고보의 묘지를 참배했음을 증명하는 문서이다. 완주증을 받을 수 있는 조건이 있다. 도보 순례는 최소 100km, 자전거 순례는 최소 200km가 되어야 한다. 100km 완주증을 받으려면 하루에 최소 두 개 이상의 세요를 받아 두는 것이 좋다. 생장에서 출발했다면 800km 거리 완주증도 별도로 받을 수 있다. 증명서는 두 가지이다. 출발지, 출발일, 거리 등이 표기된 유

료 증명서와 표기되지 않은 무료 증명서이다. 유료 증명서는 3유로이다. 증명서를 넣을 통도 판매한다, 가격은 2유로이다. 완주증은 대성당 앞에 있는 순례자 사무실Oficina de Acollida ó Peregrino에서 받을 수 있다. 순례자 안내소는 대성당에서 광장을 바라보았을 때 오른쪽 끝에 있는 계단을 내려가 우측 골목으로 200m쯤 걸어가야 한다. 더 자세한 내용은 순례자 사무소의 홈페이지를 참고하면 된다. https://oficinadelperegrino.com/

대성당 관람과 주변 도시 돌아보기

산티아고 대성당 내부를 관람하고, 성 야고보의 무덤에 참배한다. 성 야고보의 무덤은 성당 지하에 있다. 은관 안에 잠들어 있다. 박물관과 지붕을 둘러볼 수 있는 대성당 투어 프로그램도 있다. 관람 후에는 여유롭게 성당 주변을 산책해도 좋다. 대성당 주변에 맛집과 기념품 가게들이 많다.

다음날은 땅끝마을 피니스테레Finisterre 혹은 피스테라Fisterra와 묵시아Muxia를 방문한다. 버스로 다녀와도 되고 여행사를 통해 다녀올 수도 있다. 대성당 주변에 광고 포스트가 많다. 마이리얼트립 등 여행 앱으로 예약해도 된다.

유럽 여행하기

산티아고에서 다른 도시, 또는 다른 나라로 여행할 때는 버스, 기차, 비행기를 이용할 수 있다. 마드리드나 포르투로 간다면 버스나 기차 편을 이용한다. 대성당에서 터미널까지 도보로 약 20~30분 거리이다. 카미노로 다져진 체력이 남아있어 충분히 터미널까지 걸어갈 수 있다. 바르셀로나, 파리 등 좀 더 먼 곳으로 가려면 비행기를 이용하는 게 편리하다. 산티아고 도착 전 일정이 확정적일 때 비행기를 예약한다. 예약을 빨리할수록 항공권 가격이 낮아 비용을 절약할 수 있다. 산티아고 공항행 버스를 타는 곳은 구글 지도에 'Bus 6A Aeropuerto' 를 치면 나온다, 여기에서 6A번 버스를 타고 40~60분 정도 가면 산티아고 공항에 도착한다. 택시를 타면 거리가 15km 정도로 버스보다 가까워진다. 택시로 15~20분 소요되며 비용은 대략 20~25유로 정도이다.

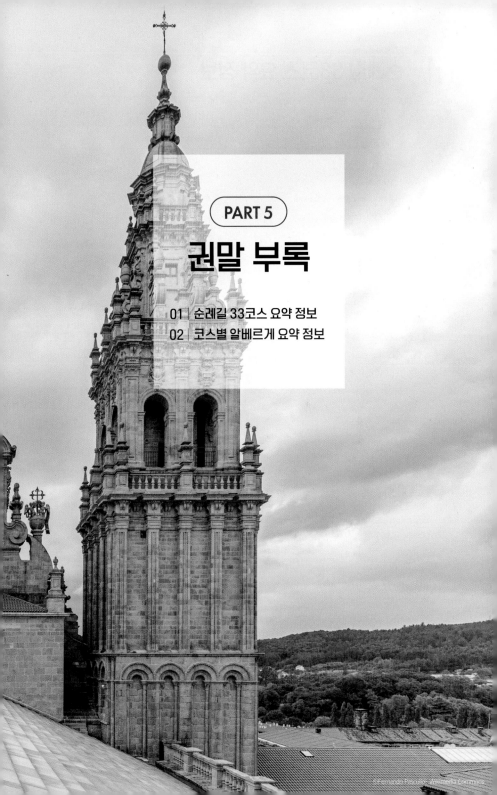

PART 5

권말 부록

© Fernando Pascullo - Wikimedia Commons

01 | 순례길 33코스 요약 정보

Day	마을명	거리(Km)	누적 거리 (Km)	구간 거리 (Km)	소요 시간 (h)
1일차	생장 피에르 데 포트 Saint-Jean-Pied-de-Port	0	0	25.7	8~9
	운토 Honto	5.2	5.2		
	오리손 Orisson	2.4	7.6		
	알토 데 레푀데르 Alto de Lepoeder	12.9	20.5		
	론세스바예스 Roncesvalles	5.2	25.7		
2일차	부르게테 Burguete	3.0	28.7	21.8	6~7
	에스피날 Espinal	3.9	32.6		
	비스카레타 Bizkarreta	4.9	37.5		
	린소아인 Linzoáin	2.0	39.5		
	에로고개 Alto erro	4.5	44.0		
	수비리 Zubiri	3.5	47.5		
3일차	일야라츠 Ilarratz	2.8	50.3	20.7	5~6
	에스키로츠 Eskirotz	0.8	51.1		
	라라소아냐 Larrasoaña	1.9	53.0		
	아케레타 Akerreta	0.6	53.6		
	수리아인 Zuriain	3.1	56.7		
	이로츠 Irotz	2.2	58.9		
	비야바 Villava	5.4	64.3		
	부르라다 Burlada	0.8	65.1		
	팜플로나 Pamplona	3.1	68.2		
4일차	시수르 메노르 Cizur Menor	5.0	73.2	24.4	6~7
	사리키에기 Zariquiegui	6.3	79.5		
	알토 데 페르돈 Alto del perdon	2.3	81.8		
	우테르가 Uterga	3.6	85.4		
	무루사발 Muruzábal	2.5	87.9		
	오바노스 Obanos	1.8	89.7		
	푸엔테 라 레이나 Puente la Reina	2.9	92.6		
5일차	마녜루 Mañeru	4.7	97.3	21.7	5~6
	시라우키 Cirauqui	2.8	100.1		
	로르카 Lorca	5.7	105.8		
	비야투에르타 Villatuerta	4.5	110.3		
	에스테야 Estella	4.0	114.3		

난이도	경관	주요 특징 및 맛집과 한국 식품 판매점
하	하	순례자 사무실 Pilgrim Information Office SJPP 나폴레옹 루트 Napoleon Route 약 7km 후 푸드트럭 나옴/십자가상에서 오른쪽 흙길 가야 함 정상에서 오른쪽 내리막길 추천 약 3km 지점에 산살바도르 예배당 지남
중	중	헤밍웨이가 묵었던 호텔Hostal Burguete 린소아인부터 에로고개까지 힘든 오르막. N-135번 도로와 만나는 에로고개에 푸드트럭 있음 에로고개 이후 내리막길 돌과 미끄럼주의/맛집 Bar Valentín (저녁 영업 안함)
하	중	공장 지대와 광산회사를 지나 산속의 조그만 마을 마을 초입의 다리Puente de Larrasoaña 건넘 다리 건너 bar La Parada de Zuriain의 시금치 또르띠아 추천 마을 중심 성당 St. Peter's Church 다리Puente de la Trinidad를 건너 도시에 진입 나바라의 주도/헤밍웨이 카페ILUNA/성당 인근 수퍼Alimentación Iruña 라면 등 판매/아시안 뷔페 MrWok
상	상	나바라대학 지나 있는 마을로 중심에 산미구엘광장 있음 오르막길 조금 힘들 수 있음. 마을 초입 성당 Lglesia de San Andrés 용서의 언덕(해발 약 770m), 내리막길 급경사 돌길 주의 마을 초입 마리아상/맛집 Camino Del Perdón Albergue-Restaurante 순례자 메뉴 마을 광장Plaza de los Fueros/순례자상Estatua del Peregrino 왕비의 다리Puente la Reina /Y십자가 성당Iglesia del Crucifijo
하	중	초반 마녜루까지 오르막 길 포도밭 사이 오솔길 언덕의 아름다운 마을 마을 초입 둥근 성당/albergue de lorca(한국인 운영, 한국 음식 없음) 마을 중심 스포츠센터 강이 흐르는.아름다운 도시/초입 성묘성당/Hostel Agora Estella 라면 판매

Day	마을명	거리(Km)	누적 거리 (Km)	구간 거리 (Km)	소요 시간 (h)
6일차	아예기 Ayegui	1.9	116.2	21.9	5~6
	이라체 Irache	1.0	117.2		
	아스케타 Azqueta	4.2	121.4		
	비야마요르 데 몬하르딘 Villamayor de Monjardín	1.9	123.3		
	로스 아르코스 Los Arcos	12.9	136.2		
7일차	산솔 Sansol	7.0	143.2	27.9	7~8
	토레스 델 리오 Torres del Río	0.8	144.0		
	비아나 Viana	10.8	154.8		
	로그로뇨 Logroño	9.3	164.1		
8일차	나바레테 Navarrete	12.9	177.0	30.5	8~9
	벤토사 Ventosa	7.7	184.7		
	나헤라 Najera	9.9	194.6		
9일차	아소프라 Azofra	6.5	201.1	21.8	5~6
	시루에냐 Cirueña	9.2	210.3		
	산토 도밍고 데 라 칼사다 Santo Domingo de la Calzada	6.1	216.4		
10일차	그라뇽 Grañón	6.2	222.6	22.2	5~6
	레데시야 델 카미노 Redecilla del Camino	4.0	226.6		
	카스틸델가도 Castildelgado	1.7	228.3		
	빌로리아 데 리오하 Viloria de Rioja	2.0	230.3		
	비야마요르 델 리오 Villamayor del Río	3.4	233.7		
	벨로라도 Belorado	4.9	238.6		
11일차	토산토스 Tosantos	5.0	243.6	28.0	7~8
	비얌비스티아 Villambistia	1.8	245.4		
	에스피노사 델 카미노 Espinosa del Camino	1.6	247.0		
	비야프랑카 몬테스 데 오카 Villafranca de Montes de Oca	3.6	250.6		
	산 후안 데 오르테가 San Juan de Ortega	12.2	262.8		
	아헤스 Agés	3.8	266.6		
12일차	아타푸에르카 Atapuerca	2.5	269.1	22.5	5~6
	카르데뉴엘라 리오피코 Cardeñuela Ríopico	6.3	275.4		
	오르바네하 리오피코 Orbaneja-Ríopico	2.0	277.4		
	부르고스 Burgos	11.7	289.1		

난이도	경관	주요 특징 및 맛집과 한국 식품 판매점
하	상	액세서리 수공예품 제조 판매점 이란체 와인샘Iranch Fuente del Vino /갈림길에서 오른쪽 추천 무어의 샘Fuente de los Moros
중	중	마을 중심의 Terraza La Mala Racha café bar 마을 성당Iglesia del Santo Sepulcro/비아나까지 오르내리막 길 이후 평탄한 포도밭과 밀밭길 La Lioja주/타파스 거리Calle del Laurel에서 Bar Angel의 양송이 타파스 추천/ 수퍼 Shun Fa Alimentación와 Fruteria Rica 라면 판매
상	중	그라헤라 저수지를 지남 마을에서 휴식 추천. 마을 진입로에 예술적 작품들 전시 알베르게 적어 예약 추천/맛집 Asador El Buen Yanta의 돼지갈비, Restaurante El Trinquete 의 스테이크
하	상	초반 완만한 오르막 포도밭 길 마을 초입 골프장Rioja Alta Golf Club 지남 밀밭 사진 찍기. 대성당Catedral de Santo Domingo de la Calzada.
하	상	마을 끝 전망대Mirador y faro del camino de Santiago의 포토존. 마을 도착 전 카스티야 이 레온 표지판Limite entre La Rioja y Castilla y León 산토 도밍고의 출생지 맛집 Albergue Cuatro Cantones의 돼지 폭립
중	중	마을 초입 성당Iglesia Parroquial de San Esteban 바La Taberna de Espinosa 초입의 성당Iglesia de Santiago Apóstol지나 오르막과 소나무 숲길 죽은 자를 위한 기념비/마을 초입 피자 맛집El Descanso de San Juan. 산 후안 데 오르테가에서 숲속 흙길로 가야 도착함/햄버거 맛집La Rústica Caravan-Bar
하	중	선사 유적지. 마을 통과 후 언덕 위 십자가Cruz de Atapuerca 내리막길 자갈 조심 마을 입구 300m 전에 태극기 그려진 알베르게 광고 버스 마을 중심 예배당Ermita de la Inmaculada 부루고스 대성당/한국식당 두 번째 소풍2º Sopung/Tora Marke과 Alimentación Jose Maria에서 라면 판매/아시안 식당 Tora Street Food와 UDON Burgos/중식당 Hong Kon

Day	마을명	거리(Km)	누적 거리 (Km)	구간 거리 (Km)	소요 시간 (h)
13일차	타르다호스 Tardajos	11.9	301.0	21.9	5~6
	라베 데 라스 칼사다스 Rabé de las Calzadas	2.2	303.2		
	오르니요스 델 카미노 Hornillos del Camino	7.8	311.0		
14일차	산볼 San Bol	5.8	316.8	19.5	5~6
	온타나스 Hontanas	4.8	321.6		
	산 안톤 수도원 Convento de San Antón	5.6	327.2		
	카스트로헤리스 Castrojeriz	3.3	330.5		
15일차	이테로 데 라 베가 Itero de la Vega	11.4	341.9	25.4	6~7
	보아디야 델 카미노 Boadilla del Camino	8.1	350.0		
	프로미스타 Frómista	5.9	355.9		
16일차	포블라시온 데 캄포스 Población de Campos	3.4	359.3	18.8	5~6
	레벤가 데 캄포스 Revenga de Campos	3.6	362.9		
	비야르멘테로 데 캄포스 Villarmentero de Campos	2.2	365.1		
	비얄카사르 데 시르가 Villalcázar de Sirga	4.1	369.2		
	카리온 데 로스 콘데스 Carrión de los Condes	5.5	374.7		
17일차	칼사디야 데 라 쿠에사 Calzadilla de la Cueza	17.2	391.9	26.2	7~8
	레디고스 Ledigos	6.0	397.9		
	테라디요스 데 로스 템플라리오스 Terradillos de los Templarios	3.0	400.9		
18일차	모라티노스 Moratinos	3.3	404.2	22.7	6~7
	산 니콜라스 델 레알 카미노 San Nicolás del Real Camino	2.2	423.6		
	사아군 Sahagún	7.3	413.7		
	베르시아노스 델 레알 카미노 Bercianos del Real Camino	9.9	423.6		
19일차	엘 부르고 라네로 El Burgo Ranero	7.3	430.9	26.2	7~8
	렐리에고스 Reliegos	13.1	444.0		
	만시야 데 라스 물라스 Mansilla de las Mulas	5.8	449.8		
20일차	비야모로스 데 만시야 Villamoros de Mansilla	4.8	454.6	18.5	5~6
	푸엔테 비야렌테 Puente Villarente	1.6	456.2		
	아르카우에하 Arcahueja	4.3	460.5		
	발데라푸엔테V aldelafuente	1.7	462.2		
	레온 León	6.1	468.3		

난이도	경관	주요 특징 및 맛집과 한국 식품 판매점
하	상	메세타 고원 지대 시작부르고스~레온 마을 끝 공원묘지와 성당Ermita de la Virgen de Monasterio 이후 완만한 오르막 마을 도착 전 보이는 언덕 Mirador de "HORNILLOS DEL CAMINO"의 포토존
하	중	마을 입구 길 위 화살표 그려진 큰 돌/마을 성당Iglesia de Nuestra Sra. de la Concepción 큰 아치가 있는 옛 산안톤수도원 마을 산 위의 오래된 성/한국인 운영Albergue Orion. 라면과 김밥 판매. 저녁 비빔밥 예약
중	상	초반 오르막이 힘듦. 내리막길 포토존 El Otro Mirador. 피테로 다리에서 팔렌시아주 넘어감 아름다운 카스티야 수로Canal de Castilla 맛집 El Chiringuito Del Camino의 순례자 메뉴 중 돼지갈비폭립한글 메뉴판 있음
하	중	마을 끝 다리 앞 갈림길직진 도로 옆길, 오른쪽 길은 시골길1km 김 수녀님이 노래 불러주는 산타마리아 알베르게/맛집 광장 인근 Hostal Restaurante La Corte
하	하	17km 동안 마을이 없는 지루한 카미노. 중간에 푸드 트럭 있음 마을 끝에 위치한 바La Morena. 다음 마을까지 두 가지 루트로 갈 수 있음. 오른쪽 선택. 마을 초입 왼쪽에 홀로 큰 알베르게Hostel Los Templarios
하	하	마을 중심에 와인 저장소인 언덕 위 의자 마을 중심 성당Iglesia de San Pedro 프랑스 길의 중간 지점. 삼위일체성당에서 반주증 발급. 약 4km지점 삼거리의 버스 정류소 갈림길에서 직진하여 도로 건너 흙길 방향 선택
하	하	Albergue La Costa del Adobe 라면과 햇반 판매/수퍼 La Tiendina del Sol 라면 판매 마을 초입 와인 저장 동굴들 Albergue El Jardin del Camino의 식당은 하몽과 스테이크 맛집
하	하	 레온대성당과 가우디 Casa de Botines/Churrería Santa Ana 츄러스 판매/수퍼Alimentacion Oriental Asia와 Bazar y Alimentación Asia 라면 판매/Torotoro León 스시 뷔페 맛집

Day	마을명	거리(Km)	누적 거리 (Km)	구간 거리 (Km)	소요 시간 (h)
21일차	트로바호 델 카미노 Trobajo del Camino	4.0	472.3	25.1	6~7
	라 비르헨 델 카미노 La Virgen del Camino	3.3	475.6		
	발베르데 데 라 비르헨 Valverde de la Virgen	4.3	479.9		
	산 미겔 델 카미노 San Miguel del Camino	1.4	481.3		
	비야단고스 델 파라모 Villadangos del Páramo	7.6	488.9		
	산 마르틴 델 카미노 San Martín del Camino	4.5	493.4		
22일차	오스피탈 데 오르비고 Hospital de Órbigo	7.0	500.4	23.8	5~6
	비야레스 데 오르비고 Villares de Órbigo	2.7	503.1		
	산티바녜스 데 발데이글레시아스	2.4	505.5		
	Santibáñez de Valdeiglesias	7.9	513.4		
	산 후스토 데 라 베가 San Justo de la Vega	3.8	517.2		
	아스토르가 Astorga				
23일차	무리아스 데 레치발도 Murias de Rechivaldo	4.8	522.0	25.7	7~8
	산타카탈리나 소모사 Santa Catalina de Somoza	4.5	526.5		
	엘 간소 El Ganso	4.1	530.6		
	라바날 델 카미노 Rabanal del Camino	6.8	537.4		
	폰세바돈 Foncebadón	5.5	569.8		
24일차	철의십자가 Cruz de Ferro	2.0	544.9	26.9	7~8
	만하린 Manjarín	2.3	547.2		
	엘 아세보 데 산 미겔 El Acebo de San Miguel	6.9	554.1		
	리에고 데 암브로스 Riego de Ambrós	3.4	557.5		
	몰리나세카 Molinaseca	4.6	562.1		
	캄포 Campo	4.4	566.5		
	폰페라다 Ponferrada	3.3	569.8		
25일차	콤포스티야 Compostilla	2.8	572.6	24.0	6~7
	콜럼브리아노스 Columbrianos	2.2	574.8		
	푸엔테스 누에바스 Fuentes Nuevas	2.5	577.3		
	캄포나라야 Camponaraya	1.9	579.2		
	카카벨로스 Cacabelos	6.0	585.2		
	피에로스 Pieros	2.2	587.4		
	비야프랑카 델 비에르소 Villafranca del Bierzo	6.4	593.8		

난이도	경관	주요 특징 및 맛집과 한국 식품 판매점
하	하	현대적 성당Basílica de la Virgen del Camino지나 두 갈림길에서 직진 N-120번 도로변 성당Iglesia de Santa Engracia-종탑의 큰 새집 마을 초입 건물 벽화산티아고 298K
하	하	오르비고다리Puente de Orbigo Paso Honroso/마을 끝 갈림길 오른쪽 추천 메세타 구간이 거의 끝나는 지역. 도네이션 바La Casa de Los Dioses의 빨간 하트 모양 세요 두 길이 만나는 곳Crucero de Santo Toribio 십자가 상, 물 마시는 순례자 동상 가우디 주교궁/3개의 카미노프랑스길+은의길+로마의길가 만나는 곳/ 미쉐린 식당 LAS TERMAS 아스트로가 전통음식 코시도 마라기토 판매
중	중	마을 초입 성당Iglesia parroquial de Santa María. 바Albergue El Caminante 마을 끝 카미노의 노란 화살표. 완만한 오르막길이 시작. Albergue Nuestra Señora del Pilar 라면과 김치, 공깃밥 판매 고지대 마을/마을 초입 십자가상Crucero de Foncebadón
상	상	1,505m의 철의 십자가 만하린 입구 푸드 트럭. 이후 2km 정도 오르막, 내리막길 조심. 검은색 지붕의 마을. 마을 끝 계곡 숲길 돌이 많은 급경사 주의. 강이 흐르는 아름다운 마을/마을 중간 알베르게Señor Oso Albergue 라면 판매 약간의 오르막길. 템플기사단 성Castillo de los Templarios
중	중	길을 막은 건물Plaza de Compostilla 중앙 입구 통과, 한적한 교외 주택가 삼거리 조그만 성당Ermita de San Blas y San Roque에서 노란 화살표 따라 왼쪽 길로 감. 마을 외곽 주택가를 지남 올림픽 로터리Rotonda del Monumento a Lydia Valentín옆 와이너리VIÑAS DEL BIERZO 마을 중간 엘 모노 델 카미노 식당El Mono del Camino에서 라면과 비빔밥 판매. 마을 지나 LE-713 도로에서 오른쪽 길 선택하면 언덕위 포도 농장Cantariña Vinos de Familia tvn 방송 '스페인 하숙' 알베르게San Nicolas el Real/마을 초입 잡화상 Bazar ChinoC. Campairo, 3, 24500 Villafranca에서 라면 판매

Day	마을명	거리(Km)	누적 거리 (Km)	구간 거리 (Km)	소요 시간 (h)
26일차	페레헤 Pereje	5.4	599.2	28.2	8~9
	트라바델로 Trabadelo	4.3	603.5		
	라 포르테라 데 발카르세 La Portela de Valcarce	4.3	607.8		
	암바스메스타스 Ambasmestas	1.2	609.0		
	베가 데 발카르세 Vega de Valcarce	1.5	610.5		
	루이텔란 Ruitelán	2.3	612.8		
	라스 에레리아스 Las Herrerías	1.3	614.1		
	라 파바 La Faba	3.2	617.3		
	라 라구나 데 카스티야 La Laguna de Castilla	2.3	619.6		
	오 세브레이로 O Cebreiro	2.4	622.0		
27일차	리냐레스 Liñares	3.2	625.2	20.8	5~6
	오스피탈 다 콘데사 Hospital da Condesa	2.4	627.6		
	파도르넬로 Padornelo	2.5	630.1		
	알토 도 포이오 Alto do Poio	0.4	630.5		
	폰프리아 Fonfría	3.4	633.9		
	비두에도 Biduedo	2.4	636.3		
	피요발 Filloval	3.0	639.3		
	파산테스 Pasantes	1.4	640.7		
	트리아카스텔라 Triacastela	2.1	642.8		
28일차	산 크리스토보 도 레알 San Cristovo do Real	4.1	646.9	23.8	6~7
	렌체 Renche	1.7	648.6		
	프레이투세 Freituxe	1.7	650.3		
	산 마르티뇨 도 레알 San Martiño do Real	1.1	651.4		
	사모스 Samos	1.4	652.8		
	고로페 Gorolfe	4.2	657.0		
	시빌 Sivil	3.4	660.4		
	페로스 Perros	1.5	661.9		
	아기아다 Aguiada	0.5	662.4		
	사리아 Sarria	4.2	666.6		
29일차	빌레이 Vilei	3.8	670.4	22.4	5~6
	바르바델로 Barbadelo	0.6	671.0		
	렌테 Rente	1.0	672.0		
	페루스카요 Peruscallo	3.9	675.9		
	모르가데 Morgade	2.8	678.7		
	페레이로스 Ferreiros	1.1	679.8		

난이도	경관	주요 특징 및 맛집과 한국 식품 판매점
상	상	비야프랑카의 다리 건너 도로 따라 직진 추천/마을 끝 폐허 수준의 집
		마을 중간 Elly's World kitchenPension El Puente Peregrino 1층 라면, 밥, 김치 판매
		마을 초입에 순례자 상이 있음
		발카르세계곡의 마을 중 가장 큰 마을이곳에 숙박하고 다음 날 오세브레이로 가는 순례자 많음
		마을 중간 성당Iglesia de San Juan Bautista길 따라 형성된 조그만 마을
		마을 끝부터 오 세브레이로까지 급경사 오르막으로 가장 힘든 구간
		이곳에서 1km정도 더 올라가면 갈리시아 지방을 알리는 비석 나옴
		노란 화살표 만든 신부님 계셨던 성당Santuario de Santa María a Real do Cebreiro
중	중	산로케고개Alto de San Roque 순례자 동상 전망대Monumento ao Peregrino
		도로변 작은 마을
		작은 성당Igrexa de San Xoán de Padornelo
		가파르고 짧은 오르막길로 정상에 바Albergue del Puerto가 있음
		마을 중심 성당Igrexa de San Juan de Fonfría
		바Albergue Fillobal에서 시래기국밥 판매
		마을 중간 오래된 예배당Capela de as pasantes
		마을 초입 고목/맛집 Parrillada Xacobeo Restaurante 의 순례자 메뉴와 가리비조개구이 추천
중	중	두 개의 루트 갈림길 선택왼쪽:사모스25k, 오른쪽:산실17.8k 중 사모스 선택
		공동묘지가 있는 교회Igrexa de Santiago de Renche
		마을 지나 도로 건너서 전망대Mirador de Samos
		사모스 수도원Samos Monastery
		숲속의 작은 예배당
		산실에서 오는 길과 사모스에서 오는 길, 두 길이 만나는 마을
		사리아부터 시작하는 순례자 많음/뽈뽀맛집 A Cantina Pulpería Luís오후 3시 반까지 영업
중	중	마을 초입 바Albergue CASA BARBADELO
		마을 초입 왼쪽 코너 바Peruscallo

Day	마을명	거리(Km)	누적 거리 (Km)	구간 거리 (Km)	소요 시간 (h)
	아페나 A Pena	1.1	680.9		
	메르카도이로 Mercadoiro	2.8	683.7		
	아파로차 A Parrocha	1.6	685.3		
	빌라차 Vilachá	1.4	686.7		
	포르토마린 Portomarín	2.3	689.0		
30일차	곤사르 Gonzar	8.4	697.4	25.1	6~7
	카스트로마이오르 Castromaior	1.3	698.7		
	오스피탈 다 크루스 Hospital da Cruz	2.4	701.1		
	밴타스 데 나론 Ventas de Narón	1.5	702.6		
	리곤데 Ligonde	3.2	705.8		
	아이레쎄 Airexe	1.0	706.8		
	포르토스 Portos	2.1	708.9		
	레스테도 Lestedo	0.6	709.5		
	오스 발로스 Os Valos	0.7	710.2		
	팔라스 데 레이 Palas de Rei	3.9	714.1		
31일차	산술리안 도 카미뇨 San Xulián do Camiño	3.6	717.7	28.1	7~8
	폰테 캄파냐 Ponte Campaña	1.1	718.8		
	카사노바 Casanova	1.0	719.8		
	오 코토 O Coto	2.9	722.7		
	레보레이로 Leboreiro	0.6	723.3		
	푸레로스 Furelos	4.0	727.3		
	멜리데 Melide	1.5	728.8		
	보엔테 Boente	5.8	734.6		
	카스타녜다 Castañeda	2.3	736.9		
	리바디소 Ribadiso	3.1	740.0		
	아르수아 Arzúa	2.2	742.2		
32일차	프레군토뇨 Pregontoño	2.4	744.6	19.5	5~6
	아스 퀸타스 As Quintas	2.8	747.4		
	아 칼사다 A Calzada	0.9	748.3		
	아 칼레 A Calle	2.0	750.3		
	살세다 Salceda	3.4	753.7		
	아 브레아 A Brea	2.1	755.8		
	산타 이레네 Santa Irene	2.6	758.4		
	아 루아 A Rúa	1.8	760.2		
	오 페드로우소 O Pedrouzo	1.5	761.7		

난이도	경관	주요 특징 및 맛집과 한국 식품 판매점
		100km 표지석Albergue Casa do Rego 인근 조금 지나 무트라스에 잡화점A paso de Tortuga 컵라면과 김치 판매문 닫은 경우 많음 멀리 포르토마린이 보임. 두 갈래길 중 오른쪽이 조금 편한 길 댐 건설로 새로 만든 마을과 원형 복원한 산니콜라스성당/식당 O Mirador의 스테이크와 민물장어튀김과 Casa Cruz의 순례자메뉴 맛집.
중	중	출발 다리 건너 갈림길 오른쪽 길 추천/초반 오르막길/곤사르 초입 바Hosteria de Gonzar 오르막 올라 마을 초입 성당Igrexa de Santa María de Castromaior 마을을 나와 로터리 바Bar taberna do camiño의 고가다리LU-633도로를 건넘. 마을 안쪽에 나무 있는 예쁜 바Albergue O cruceiro 마을 끝 광장에서 왼쪽 바Restaurante Ligonde가 있는 길로 감 마을 끝 공동묘지가 있는 성당Igrexa de Santiago de Lestedo 마을 중심 성당Igrexa de San Tirso de Palas de Rei
중	중	마을 끝 공원묘지 성당과 홈메이드 키이크 바The Essential Coffee Home 팜브레강Rio Pambre 아주 완만한 오르막길 마을 초입 폐차 공장 마을 지나 세코강 건너는 조그만 돌다리Puente de Magdalena 건넘 마을 초입 돌다리Ponte de San Xoán de Furelos건넘 산로커 예배당Capela de San Roque/맛집 Pulperia Ezequiel 갈리시아 명물 뽈보 유명 마을 초입 Albergue Santiago Castañeda에서 왼쪽 골목길 마을 초입 이소강Rio Iso을 건너는 다리Ponte medieval de Ribadiso 오르막길과 N-547도 따라 형성된 마을
하	중	 마을 끝 바Casa Calzada N-547 도로 왼쪽Casa Tia Teresa Bar-Pensión를 건너 오른쪽 오솔길 진입 마을 지나 N-547번 도로 만나면 건너지 말고 왼쪽으로 도로 따라 올라감. 스테이크 맛집 Bar Pedrouzo 와 Restaurante Parrillada Regueiro

Day	마을명	거리(Km)	누적 거리 (Km)	구간 거리 (Km)	소요 시간 (h)
33일차	아메날 Amenal	3.3	765.0	19.3	5~6
	산 파이오 San Paio	4.2	769.2		
	라바코야 Lavacolla	2.0	771.2		
	빌야마이오르 Vilamaior	1.3	772.5		
	산 마르코스 San Marcos	3.4	775.9		
	몬테 델 고소 Monte del Gozo	0.4	776.3		
	산티아고 데 콤포스텔라 Santiago de Compostela	4.7	781.0		

난이도	경관	주요 특징 및 맛집과 한국 식품 판매점
중	중	N-547번 도로 건너 바Hotel parrillada 오른쪽 오르막의 숲길Carballeira de Cimadevila 공항 A-54번 도로 산티아고 입구 기념비Hito entrada Concello de Santiago de Compostela 옛날 순례자들이 산티아고 입성 전 몸을 깨끗이 하고 출발하는 마을로 유명 오르막 지속. 갈리시아방송국Galicia TV Station지나 식당A CALZADA 예배당Capela de San Marcos, 순례자 동상Monumento ao camiñante+제주 돌하르방 대성당/순례증서 발급Pilgrim's Reception Office/ 한국식당 NuMaru 예약 추천 / Corea Market 언니네 편의점 한국 식품 판매 / 중식당 맛집 Restaurante China Ming

02 | 코스별 알베르게 요약 정보

일정	지역	알베르게 이름	별점	숙박료(€)
0일차	Saint-Jean-Pied-de-Port	Albergue municipal SJPP	★★	12
		Gîte Bidean	★★	18
		Gite de la Porte Saint Jacques	★★	27
		central hotel	★★	120
1일차	Roncesvalles	Albergue Roncesvalles	★★	14
2일차	Zubiri	Albergue Rio Arga ibaia	★★	17
		Zaldiko	★★	15
		Albergue Municipal de Zubiri	★	14
		Albergue el palo de Avellano	★★	19
		Hostel susia- the pilgrim's home	★★★	18
3일차	Pamplona	Albergue Jesus y Maria	★	11
		Hostel Casa Ibarrola	★★★	20
		Albergue Diocesano Betania	★★	기부제
		Albergue Plaza Catedral	★★	16

타입	정보 요약	문의 및 홈페이지
공립	55번 알베, 예약 불가, 2시 선착순 입실	+33 617 103 189
사립	11번 알베, 룸 타입 다양, 친절	+33 648 980 522/부킹닷컴/홈피 https://www.gite-bidean-saintjeanpieddeport.fr/
사립	51번 알베, 싱글 침대 있음	+33 547 860 244/부킹닷컴 https://www.giteportesaintjacques.com/
사립	생장 중심에 위치한 호텔	+33 559 370 022/홈피 https://www.centralhotel64.com/
공립	선착순, 예약 가능. 식사 예약 가능	+34 948 760 000/홈피 www.ALBERGUEDERONCESVALLES.COM
사립	개인 락커, 깨끗, 조용한 편, 주방 불가	+34 680 104 471/홈피 http://www.alberguerioarga.com/
사립	마을 초입, 시설 깨끗, 취사 불가	+34 609 73 64 20/홈피 이메일 http://alberguezaldiko.com/contacto/
공립	예약 가능, 취사 가능, 이층 철제 침대	+34 621 150 718/홈피 https://concejodezubiri.es/albergue-de-zubiri
사립	조식 포함 가격, 저녁 예약 가능	+34 666 499 175/홈피 https://www.elpalodeavellano.com
사립	평가 좋음, 저녁 예약 가능, 카미노 벗어남	+34 679 667 603/부킹닷컴/홈피 http://www.alberguesuseia.com/
공립	112베드, 선착순(5월~9월 예약불가)	+34 948 222 644/홈피 https://aspacenavarra.org/pamplona
사립	시설 깨끗, 캡슐형 침대, 개인 사물함.	+34 948 223 332/부킹닷컴/홈피 https://www.casaibarrola.com/
공립	깨끗함, 식사 제공(식사시 20유로 정도 기부). 조리 불가, 선착순, 예약 불가	+34 948 598 442
사립	위치 좋음, 시설 깨끗, 이층 철제 침대. 개인 라커 있음	+34 620 81 39 68/부킹닷컴/홈피 https://www.albergueplazacatedral.com/en/

일정	지역	알베르게 이름	별점	숙박료(€)
4일차	Puente la Reina	Albergue Jakue	★	20
		Albergue Padres Reparadores	★	9
		Albergue Puente	★★	16
5일차	Estella	Albergue Capuchinos	★	14
		Albergue de peregrinos de Estella	★★	8
		Hotel agora Estella	★★★	18
		Albergue - Hostería de Curtidores	★★	18
6일차	Los Arcos	Albergue Municipal Isaac Santiago	★	8
		Albergue La fuente Casa de Austria	★★	12
		Casa de la Abuela – Albergue	★★	15
7일차	Logroño	Albergue Municipal Isaac Santiago	★	10
		Winederful Hostel	★★★	21
		Albergue Logroño Centro	★★	10
8일차	Najera	Albergue Puerta de Najera	★★	15

타입	정보 요약	문의 및 홈페이지
사립	마을 초입, 호텔 함께 운영	+34 948 341 017/부킹닷컴/홈피 www.jakue.com
공립	예약 불가, 선착순, 주방 사용 가능 이층 철제 침대(난간 없음), 마당 넓음	+34 663 615 795
사립	테라스, 주방 있음, 2인실 있음	+34 661 705 642/부킹닷컴/홈피 http://www.albergueuepuente.com/
공립	예약 가능, 주방 사용, 개인 사물함, 콘센트 부족	+34 948 550 549/홈피/이메일 https://www.alberguescapuchinos.org/albergue/ albergue-de-peregrinos-rocamador-en-estella/
공립	조리 불가, 캐리어 소지 이용 불가, 선착순	+34 948 550 200 https://www.alberguescaminosantiago.com/ albergues/albergue-de-peregrinos-munici- pal-de-estella-navarra/
사립	깨끗, 캡슐형, 주방 사용 가능, 라면 판매, 친절 개인 사물함, 시설 좋음	+34 681 346 882/부킹닷컴/홈피 http://www.agora-hostel.com/
사립	마을 초입 강가, 취사 가능, 주인친절, 룸 타입 다양	+34 663 613 642/부킹닷컴/홈피 https://lahosteriadelcamino.com/
공립	마당, 취사 가능, 이층 철제 침대, 콘센트 부족, 선착순	+34 948 441 091
사립	친절하고 주방 사용 가능	+34 622 184 325/홈피 http://www.lafuentecasadeaustria.com/
사립	주방 불가, 2인실 있음	+34 630 610 721/홈피 https://casadelaabuela.com/
공립	선착순, 주방 가능, 콘센트 부족 이층 철제 침대, 공간 협소	+34 941 248 686
사립	캡슐 침대, 커텐 있음, 1층 바 운영, 주방 불가, 개인 사물함, 위치 좋음	+34 600 904 703/부킹닷컴/홈피 http://www.winederful.es/
사립	시설 깨끗, 위치 굿, 개인 락커, 방 좁음, 주방 불가, 룸 타입 다양	+34 678 495 109/부킹닷컴/홈피 http://www.apartamentoslogronocentro.com/
사립	주방 불가, 주인 친절, 다리 건너 초입, 룸 타입 다양, 개인 락커	+34 683 616 894/홈피 http://www.albergueenajera.com/

일정	지역	알베르게 이름	별점	숙박료(€)
		Pensión San Lorenzo	★★★	45
		Municipal peregrinos de Najera	★	기부제
9일차	Santo Domingo	Albergue Cofradía del Santo	★★	13
		Habitaciones Alfonso Peña	★	58
		Parador de Santo Domingo	★★★	150
10일차	Belorado	Albergue Cuatro Cantones	★★	15
		Albergue "A Santiago" Hotel	★	14
		hostelpuntob	★★★	22
		Albergue Municipal El Corro	★	12
11일차	Agés	Albergue fagus	★★	15
		La Taberna de Ages	★	13
12일차	Burgos	Albergue Municipal de Peregrinos de Burgo	★★★	10
13일차	Hornillos del Camino	Albergue Hornillos Meeting Point	★★	14
		De Sol a Sol	★★	15
14일차	Castrojeriz	Albergue Orion	★★★	13
		Albergue de peregrinos San Esteban	★	9

타입	정보 요약	문의 및 홈페이지
사립	2인실 45, 주인 친절, 이불과 타올 비치, 2곳 운영, 샤워실 등 시설 깨끗	+34 626 709 783/홈피 http://www.pensionsanlorenzo.es/
공립	최소 6유로 이상 기부, 2층 나무 침대, 주방 사용 가능, 선착순	+34 941 360 041
공립	넓고 시설 깨끗, 주방 불가, 인근 대형 수퍼	+34 941 343 390/홈피 https://www.alberguecofradiadelsanto.com/
사립	맨션의 룸 3개 중 1개 2인실 주방 불가, 침구 제공, 카미노 벗어남	+34 669 082 841/부킹닷컴
사립	국영 호텔	부킹닷컴
사립	식당 운영, 수영장과 잔디밭, 이층 나무 침대, 입구 순례자 상	+34 947 580 591/부킹닷컴/홈피 https://www.cuatrocantones.com/
사립	마을 초입 만국기, 규모 크고 식당 있음, 시설 보통, 수영장, 다양한 룸 타입	+34 677 811 847/홈피 http://www.a-santiago.es/
사립	단층 침대, 깨끗, 시설 좋음, 주방 불가, 개인 락커, 저녁과 아침 식사 예약	+34 699 538 565/홈피 http://www.hostelpuntob.com/
공립	예약 가능. 주방 사용, 침대 시트 1유로. 이층 철제 침대, 시설 낙후	+34 636 634 459/+34 947 581 419/홈피 http://www.albergueelcorro.com/
사립	마을 입구 위치, 식당 운영, 시설 깨끗 이층 나무침대 4인실	+34 647 312 996/홈피 http://www.alberguefagus.com/
공립	예약 불가, 선착순, 이층 철제 침대. 침대 시트 1유로	+34 947 293 656
공립	예약 불가, 시설 좋음, 주방 없음(1층 전자레인지 등) 크레덴셜 판매	+34 947 460 922
사립	깨끗 시설 좋음, 이층 철제 침대, 저녁 예약 가능 주방 불가	+34 608 113 599/부킹닷컴 http://www.hornillosmeetingpoint.com/
사립	시설 깨끗, 수영장, 아침 예약 가능	+34 649 876 091/부킹닷컴 https://de-sol-a-sol.investigandoespana.top/
사립	마을 초입, 한국인 운영, 깨끗하고 시설 양호 저녁 비빔밥, 점심 라면	+34 649 481 609/부킹닷컴
공립	취사 불가, 손빨래, 가성비 좋음	+34 679 147 056

일정	지역	알베르게 이름	별점	숙박료(€)
		Albergue Rosalia	★★★	15
15일차	Fromista	Albergue Municipal de Frómista	★	14
		luz de fromista albergue	★★	13
		Eco Hotel Doña Mayor	★★	130
16일차	Carrion de los Condes	Albergue Espiritu Santo	★★	10
		Albergue Parroquial Santa María	★★	10
		hotel real monasterio san zoilo	★★	82
17일차	Terradillos de los Templarios	Albergue Jacques de Molay	★	14
		Albergue Los Templarios	★★★	15
18일차	Bercianos del Real Camino	Albergue La Perala	★★★	14
		Albergue de peregrinos parroquial Casa Rectoral	★★	기부제
19일차	Mansilla de las Mulas	Albergue GAIA	★★	12
		Casa Rural Las Singer	★	45
		Albergue El Jardin del Camino	★	16

타입	정보 요약	문의 및 홈페이지
사립	1층 침대, 사물함, 취사 불가, 라면 판매 주인 친절	+34 637 765 779/부킹닷컴/홈피 http://www.alberguerosalia.com/
공립	취사 불가(전자레인지), 이층 철제 침대.	+34 686 579 702/홈피/이메일 https://www.alberguescaminosantiago.com/albergues/albergue-de-peregrinos-munici-pal-de-fromista-palencia/
사립	취사 가능, 이층 철제 침대, 주인 친절, 사물함 뒷마당 손빨래	+34 682 604 189
사립	호텔, .2인 1실 기준	+34 630 224 369/부킹닷컴/홈피 http://hoteldonamayor.com/
공립	예약 불가, 선착순, 1층 침대, 친절함, 마당 넓음, 콘센트 부족, 전자레인지 사용 가능	+34 979 880 052
공립	예약 불가, 수녀원 노래, 취사 가능, 뒷마당 휴식, 이층 나무 침대	+34 650 575 185
사립	마을 끝 위치, 산소일로수도원 개조 호텔 국영 파라도르호텔 느낌	+34 979 880 050/부킹닷컴/홈피 http://sanzoilo.com/
사립	주방 없음, 식당 운영	+34 657 165 011 https://www.alberguescaminosantiago.com/albergues/albergue-jacques-de-molay-terradil-los-de-los-templarios-
사립	마을 초입, 다양한 룸 타입, 식당 운영, 시설 크고 깨끗함	+34 667 252 279/홈피 http://www.alberguelostemplarios.com/
사립	마을 초입, 크고 시설 좋음, 식당과 바, 룸타입 다양, 단층 4인실 등	+34 685 817 699/홈피
공립	예약 불가, 선착순, 숙박 시 10유로 정도 기부, 아침과 저녁 식사 포함 하면 20유로 정도 기부	+34 692 858 498
사립	주방 사용 가능, 이층 철제 침대 8인실, 담요 제공, 친절함	+34 987 310 308/+34 699 911 311/홈피 https://alberguedegaia.wordpress.com/
사립	2인실, 2층 방 3개	+34 987 310 454
사립	이층 철제 침대, 콘센트 부족, 불친절, 식당 운영	+34 600 471 597 http://www.albergueeljardindelcamino.com/albergue-el-jardin-del-camino/

일정	지역	알베르게 이름	별점	숙박료(€)
20일차	Leon	Albergue San Francisco de Asis	★	12
		Globetrotter Urban Hostel	★★★	23
		Inn Boutique León	★★★	80
		Hotel Conde Luna	★★★	90
21일차	San Martin del Camino	Albergue Vieira	★★	10
		Albergue la Hullella	★★★	15
		Albergue Municipal San Martin	★	8
		Albergue Peregrinos Santa Ana	★	11
22일차	Astorga	albergue MyWay	★★	14
		Albergue de Peregrinos Siervas de Maria	★★	7
23일차	Foncebadon	Albergue Casa Chelo Foncebadon	★★	15
		Albergue El Convento de Foncebadón	★★	14
24일차	Ponferrada	Albergue de Peregrinos San Nicolás de Flue	★	기부제
		Albergue Guiana	★★★	16
25일차	Villafranca del Bierzo	Albergue LEO	★★	13
		Albergue Municipal de Villafranca del Bierzo	★	8

타입	정보 요약	문의 및 홈페이지
공립	프란시스코 형제회 운영, 2층 철제 침대, 주방 사용 가능, 연박 가능	+34 987 215 060 http://alberguesanfranciscodeasis.top/
사립	캡슐형, 침대 커튼 있음, 개인 사물함, 주방 사용 가능, 위치 좋음, 침구 제공, 시설 깨끗함	+34 987 264 600/부킹닷컴/홈피 https://www.globetrotterhostel.es/
사립	2인 기준, 주인 한국인, 침술원도 운영 컵라면 제공, 안마의자	+34 987 798 105/부킹닷컴/홈피 https://innboutiqueleon.com/
사립	2인 기준, 호텔	+34 987 206 600/부킹닷컴
사립	마을 초입, 철제침대, 주방 없음, 친절, 깨끗, 저녁과 아침 식사 예약 가능	+34 620 671 864
사립	마을 초입, 시설 깨끗, 뒷마당 수영장, 1층 식당, 취사 불가	+34 640 846 063/부킹닷컴/홈피 http://www.alberguelahuella.com/
공립	예약 가능, 취사 불가, 이층 철제 침대, 침대 난간 없음	+34 659 283 916/부킹닷컴
사립	마을 초입, 시설 낙후, 저녁과 아침 식사 예약 가능, 2인실 등 있음	+34 654 381 646/부킹닷컴
사립	마을 초입, 시설 깨끗, 바 운영, 저녁 식사 예약 가능, 예쁜 마당, 친철함.	+34 640 176 338/부킹닷컴
공립	예약 불가, 선착순, 이층 철제 침대 4인실 등, 취사 가능, 위치 좋음	+34 987 616 034 http://www.caminodesantiagoastorga.com/
사립	마을 끝, 이층 철제 침대 8인실, 주인 친절, 취사 불가, 저녁 예약 가능, 시설 깨끗	+34 641 023 636
사립	마을 초입, 1층 바 운영, 이층 철제 침대	+34 987 053 934/부킹닷컴
공립	예약 불가, 선착순, 주방 사용 가능. 이층 철제 침대	+34 987 413 381 http://www.sannicolasdeflue.com/
사립	시설 깨끗, 7~8인실 등, 주방 사용 가능	+34 987 409 327/부킹닷컴 https://www.albergueguiana.com/
사립	주인 친절, 담요 제공, 주방 사용 가능, 시설 깨끗	+34 987 542 658/+34 658 049 244 http://www.albergueleo.com/
공립	예약 불가, 마을 초입, 8인실, 콘센트부족, 주방 사용 가능	+34 987 542 356

일정	지역	알베르게 이름	별점	숙박료(€)
		Albergue-Hostal Viña Femita	★★★	16
		San Nicolas el Real	★★	12
26일차	O cebreiro	Albergue Municipal de O Cebreiro	★	10
		Casa Campelo	★★	15
		Casa O Cebreiro	★★★	56
27일차	Triacastela	Albergue Municipa de Triacastela	★	10
		Pension Albergue LEMOS	★★★	12
		Albergue Complexo Xacobeo	★★	12
28일차	Sarria	Albergue municipal de Sarria	★	10
		Albergue Oasis	★★	12
		Albergue San Lazaro Sarria	★	12
		Albergue Mayor	★★	13
		Albergue Pensión Puente Ribeira	★★★	12
		Hotel Alfonso IX	★★	75
29일차	Portomarin	Albergue Casona da Ponte	★★★	13
		Albergue Huellas	★★★	16
		Albergue Pons Minea	★★	15

타입	정보 요약	문의 및 홈페이지
사립	시설 깨끗, 룸 타입 다양, 단층 침대, 식사 예약 가능, 주방 없음	+34 987 542 490/부킹닷컴 https://vinafemita.com/
사립	스페인 하숙 촬영 알베, 주방 불가, 1층 바 운영, 단층 침대 있음	+34 696 978 653/+34 620 329 386/부킹닷컴/ 홈피 http://www.sannicolaselreal.com/
공립	예약 불가, 선착순, 주방 사용 가능, 샤워 시설 등 낙후	+34 660 396 809
사립	다인실과 2인실, 이층 철제 침대, 시설 깨끗, 취사 불가	+34 679 678 458/+34 982 179 317
사립	2인실 호텔, 1층 바 운영, 공립알베동키서비스 배낭 맡기는 호텔	+34 982 367 182/+34 982 367 125/홈피 http://www.hotelcebreiro.com/
공립	예약 불가, 4인실 룸 14개, 이층 철제 침대, 주방 없음	+34 660 396 811/+34 982 548 087
사립	룸 타입 다양, 주방 사용 가능, 시설 깨끗, 넓은 테라스, 주인 친절	+34 677 117 238/부킹닷컴/홈피 http://www.pensionalberguelemos.com
사립	이층 나무 침대, 룸 넓음, 시설 깨끗, 주방 사용 가능, 식당 운영	+34 982 548 037/부킹닷컴/홈피
공립	예약 불가, 주방 가능, 식기 부족, 이층 철제 침대	+34 660 396 813
사립	마을 초입, 이층 철제 침대, 주방 가능, 깨끗, 주인 친절	+34 982 535 516/부킹닷컴 http://www.albergueoasis.com/
사립	외곽 마을 끝 위치, 시설 낙후, 이층 철제 침대	+34 645 162 449/부킹닷컴
사립	취사 가능, 4인실, 이층 철제 침대, 주인 친절	+34 614 342 335 /부킹닷컴
사립	강가 위치, 시설 깨끗, 1층 식당 운영, 취사 불가, 이층 침대, 룸 타입 다양	+34 698 175 619/+34 982 876 789/부킹닷컴 https://alberguepuenteribeira.com/
사립	위치 좋은 호텔, 2인 1실 기준.	+34 982 530 005/부킹닷컴/홈피 http://www.alfonsoix.com/
사립	마을 초입, 시설 깨끗, 룸 타입 다양, 주방 사용 가능	+34 982 169 862/+34 686 112 877/홈피 http://casonadaponte.com/
사립	시설 깨끗, 마을 중앙 위치, 4인 1실, 단층 침대, 취사 가능	+34 684 330 078/부킹닷컴 http://www.alberguehuellas.com/
사립	1층 식당 운영, 시설 깨끗, 위치 좋음	+34 686 456 931/홈피

일정	지역	알베르게 이름	별점	숙박료(€)
		Albergue PortoSantiago	★★	16
30일차	Palas de Rei	Albergue San Marcos	★★★	15
		Albergue Mesón de Benito	★★	14
		Albergue de peregrinos de Palas de Rei	★★	10
31일차	Arzua	Albergue Ultreia	★★	13
		Albergue Pensión Cima do lugar	★★	14
		Albergue Los Tres Abetos	★★★	17
		Albergue Municipal de Arzúa	★	10
32일차	O Pedrouzo	Albergue de peregrinos Arca	★★	10
		Albergue O trisquel	★★	14
		Albergue Mirador de Pedrouzo	★★★	13
33일차	Santiago de Compostela	The Last Stamp hostel	★★★	22
		Hospedaría San Martiño Pinario	★★★	60
		Albergue Santiago KM0	★★★	25
		Hotel Compostela	★★★	140
		Hospital Real de Santiago de Compostela	★★★	300

타입	정보 요약	문의 및 홈페이지
사립	다양한 룸 타입, 주방 사용 가능, 마당 휴식 공간	+34 618 826 515/부킹닷컴/홈피 http://www.albergueportosantiago.com/
사립	다양한 룸 타입, 주방 사용 가능, 이층 철제 침대, 시설 깨끗	+34 982 380 711/홈피 https://alberguesanmarcos.es/
사립	마을 초입, 1층 식당 운영, 시설 깨끗, 이층 철제 침대, 개인 사물함, 주인 친절	+34 636 834 065/홈피 https://alberguemesondebenito.com/
공립	예약 불가, 이층 철제 침대, 시설 깨끗, 주방 가능	+34 660 396 820/+34 699 912 855 https://www.caminodesantiago.gal
사립	이층 나무 침대, 칸막이 있음, 시설 깨끗, 1층 바 운영	+34 981 500 471/부킹닷컴
사립	주방 불가, 전자레인지, 이층 철제 침대, 사물함, 시설 깨끗, 다양 룸 타입	+34 661 633 669/부킹닷컴/홈피 http://www.acimadolugar.com/
사립	초입 위치, 주방 가능, 생수 판매, 테라스, 침대 넓고 깨끗, 타월 제공	+34 649 771 142/부킹닷컴/홈피 https://www.hotelesdirect.com/los-tres-abetos/
공립	예약 불가, 선착순, 13시 오픈	+34 660 396 824
공립	예약 불가, 시설 깨끗, 주방 사용 가능	+34 649 931 348
사립	주방 사용 가능, 이층 철제 침대, 12인실, 시설 깨끗	+34 616 644 740/부킹닷컴
사립	마을 초입, 다양한 룸 타입, 사물함, 수영장	+34 686 871 215 /부킹닷컴/홈피 https://www.alberguemiradordepedrouzo.com/
사립	객실 다양, 이불 시트 포함, 시설 깨끗, 위치 좋음	+34 981 563 525/+34 645 360 594/부킹닷컴/홈피 https://thelaststamp.es/
공립	대성당 뒤편 산마르틴성당 알베르게 1인 2인실 등 다양	+34 981 560 282/부킹닷컴/홈피 http://sanmartinpinario.es/
사립	순례 인증서 발급 사무소 옆, 2층 베드, 시설 깨끗, 사물함, 주방 사용 가능	+34 604 029 410/부킹닷컴/홈피 https://santiagokm0.es/
사립	호텔, 2인 1실 4성급, 위치 좋음	+34 981 585 700/부킹닷컴/홈피 https://www.hotelcompostela.es/
사립	대성당 옆 5성급 파라도르 국영호텔	+34 981 582 200/부킹닷컴/홈피

*위 내용은 구간별 일부 알베르게 정보이며, 별점은 저자 개인 의견임, 숙박료와 시설 등 일부 내용은 변경될 수 있음.